绿色蔬菜生产技术

王 雪　张二朝　丁永冲
　　　　　　　　　　　　　主编
李占行　邰凤雷　赵彦卿　李金位

中国农业科学技术出版社

图书在版编目（CIP）数据

绿色蔬菜生产技术/王雪等主编 .—北京：中国农业科学技术出版社，2020. 9

ISBN 978-7-5116-5033-7

Ⅰ . ①绿…　Ⅱ . ①王…　Ⅲ . ①蔬菜园艺-无污染技术　Ⅳ . ①S63

中国版本图书馆 CIP 数据核字（2020）第 181681 号

责任编辑　白姗姗
责任校对　马广洋

出 版 者	中国农业科学技术出版社
	北京市中关村南大街 12 号　邮编：100081
电　　话	（010）82106638（编辑室）　（010）82109702（发行部）
	（010）82109709（读者服务部）
传　　真	（010）82106650
网　　址	http://www.CASTP.cn
经 销 者	各地新华书店
印 刷 者	北京富泰印刷有限责任公司
开　　本	850mm×1 168mm　1/32
印　　张	9
字　　数	260 千字
版　　次	2020 年 9 月第 1 版　2020 年 9 月第 1 次印刷
定　　价	58.00 元

前　言

"民以食为天，食以安为先"。蔬菜质量的安全状况，直接关系着人民群众的身体健康和生命安全。近年来，我国随着科学技术的发展和国民生活的提高，对蔬菜的品质要求越来越高，已上升到绿色蔬菜水平。

绿色蔬菜生产是一个系统工程，涉及空气、水、土壤、农药使用等因素的环境质量的改善，抗病品种、优质有机肥、生物菌肥使用，滴灌、防虫网、防晒网、水溶肥料、测土施肥、无土栽培、双膜覆盖、高温闷棚、烟雾剂等先进技术的推广，都是绿色蔬菜生产的重要保证。

为使绿色蔬菜生产达到环保、绿色、优质、高产、高效的目的，普及和推广绿色蔬菜生产技术，提高技术人员的检测水平，针对蔬菜生产及农产品质量检测方面的问题，我们在认真总结实践经验的基础上，编写了《绿色蔬菜生产技术》一书，主要面向广大菜农及负责绿色蔬菜生产、管理的农业科技工作者。

由于编者水平所限，不当之处敬请有关专家、科技人员和农民朋友批评指正。

编　者

2020 年 6 月

目　　录

第一章　绿色蔬菜生产主要技术 ………………………………（1）

　第一节　生产绿色蔬菜对环境条件的要求 ………………（1）

　第二节　生产绿色蔬菜主要农艺措施 ……………………（3）

　第三节　生产绿色蔬菜中有机肥料的优势作用 …………（6）

　第四节　生产绿色蔬菜中生物菌剂的使用 ………………（9）

　第五节　绿色蔬菜生产的重要技术——无土栽培 ………（20）

第二章　绿色蔬菜病虫害防治新技术 ……………………（27）

　第一节　化学农药的使用 …………………………………（27）

　第二节　植物杀虫（菌）剂 ………………………………（36）

　第三节　无机杀虫（菌）剂 ………………………………（48）

　第四节　有机杀虫（菌）剂 ………………………………（57）

　第五节　生物杀虫（菌）剂 ………………………………（60）

第三章　主要蔬菜绿色生产技术 …………………………（67）

　第一节　黄瓜绿色生产技术 ………………………………（67）

　第二节　番茄绿色生产技术 ………………………………（76）

　第三节　茄子绿色生产技术 ………………………………（80）

　第四节　甜椒绿色生产技术 ………………………………（86）

　第五节　韭菜绿色生产技术 ………………………………（93）

　第六节　西葫芦绿色生产技术 ……………………………（97）

　第七节　芹菜绿色生产技术 ………………………………（103）

　第八节　大白菜绿色生产技术 ……………………………（108）

　第九节　甘蓝绿色生产技术 ………………………………（111）

　第十节　冬瓜绿色生产技术 ………………………………（116）

第四章 小杂菜绿色生产技术 …………………… （120）
　第一节 菜豆绿色生产技术 ……………………… （120）
　第二节 胡萝卜绿色生产技术 …………………… （125）
　第三节 芫荽绿色生产技术 ……………………… （128）
　第四节 油菜绿色生产技术 ……………………… （131）
　第五节 茼蒿绿色生产技术 ……………………… （134）
　第六节 大葱绿色生产技术 ……………………… （135）
　第七节 大蒜绿色生产技术 ……………………… （140）
　第八节 茴香绿色生产技术 ……………………… （144）
　第九节 丝瓜绿色生产技术 ……………………… （147）

第五章 特色菜绿色生产技术 …………………… （150）
　第一节 莴苣绿色生产技术 ……………………… （150）
　第二节 芦笋绿色生产技术 ……………………… （152）
　第三节 苦瓜绿色生产技术 ……………………… （155）
　第四节 食用仙人掌绿色生产技术 ……………… （158）
　第五节 菊苣绿色生产技术 ……………………… （160）
　第六节 芦荟绿色生产技术 ……………………… （163）
　第七节 黄豆芽绿色生产技术 …………………… （167）
　第八节 绿豆芽绿色生产技术 …………………… （174）
　第九节 豌豆芽绿色生产技术 …………………… （181）

第六章 蔬菜绿色保鲜技术 ……………………… （189）
　第一节 瓜类蔬菜绿色保鲜技术 ………………… （189）
　第二节 果菜类蔬菜绿色保鲜技术 ……………… （206）
　第三节 叶菜类蔬菜绿色保鲜技术 ……………… （214）
　第四节 甘蓝类蔬菜绿色保鲜技术 ……………… （222）
　第五节 绿叶类蔬菜绿色保鲜技术 ……………… （230）

第七章 土壤检测 ………………………………… （244）
　第一节 土壤全量铜、锌、铁、锰的测定（高氯酸—硝酸—
　　　　　氢氟酸消化 原子吸收光谱法） …………… （244）

第二节　土壤有效性铜、锌、铁、锰的测定（DTPA 提取—
　　　　原子吸收光谱法） ……………………………………（245）

第三节　土壤全硼的测定 …………………………………………（248）

第四节　土壤有效硼性的测定 ……………………………………（252）

第五节　土壤全钼的测定（酸溶—极谱法） ……………………（256）

第六节　土壤有效钼的测定（草酸—草酸铵提取—极谱法）
　　　　 …………………………………………………………（257）

第七节　土壤有效钼的测定（草酸—草酸铵浸提—石墨炉
　　　　原子吸收光谱法） ………………………………………（260）

第八章　蔬菜检测 …………………………………………………（262）

第一节　蔬菜中农药残留的概念 …………………………………（262）

第二节　蔬菜农药残留检测方法 …………………………………（265）

第三节　蔬菜中硝酸盐的测定 ……………………………………（273）

参考文献 ……………………………………………………………（277）

第一章 绿色蔬菜生产主要技术

第一节 生产绿色蔬菜对环境条件的要求

近年来，我国随着科技的发展和国民生活的提高，对蔬菜的品质要求越来越高，已上升到绿色蔬菜水平。绿色蔬菜生产是一个系统工程，其中，对环境条件的要求主要包括空气质量、灌溉水质、土壤环境等，这是绿色蔬菜生产的基础，必须认真落实。

一、绿色蔬菜产地环境空气质量（表1-1）

表1-1 环境空气质量指标

项目	浓度限值	
	日平均	1 h平均
总悬浮颗粒物（标准状态）（mg/m³）	≤0.30	—
二氧化硫（标准状态）（mg/m³）	≤0.15	≤0.50
二氧化氮（标准状态）（mg/m³）	≤0.12	≤0.24
氟化物（标准状态）	≤7 μg/m³	≤20 μg/m³
	≤1.8 μg/(dm²·d)	—

注：日平均指任何一日的平均浓度；1 h平均指任何1 h的平均浓度。

二、绿色蔬菜产地灌溉水质（表1-2）

表1-2　灌溉水质量标准

项目	浓度限值
pH 值	5.5~8.5
化学需氧量（mg/L）	≤150
总汞（mg/L）	≤0.001
总镉（mg/L）	≤0.005
总砷（mg/L）	≤0.05
总铅（mg/L）	≤0.10
铬（六价）（mg/L）	≤0.10
氟化物（mg/L）	≤2.0
氯化钠（mg/L）	≤0.50
石油类（mg/L）	≤1.0
粪大肠菌群（个/L）	≤10 000

三、绿色蔬菜产地土壤环境质量（表1-3）

表1-3　土壤环境质量指标

项目	含量限值		
pH 值	<6.5	6.5~7.5	>7.5
镉（mg/kg）	≤0.30	≤0.30	≤0.60
汞（mg/kg）	≤0.30	≤0.50	≤1.0
砷（mg/kg）	≤40	≤30	≤25
铅（mg/kg）	≤250	≤300	≤350
铬（mg/kg）	≤150	≤200	≤250
铜（mg/kg）	≤50	≤100	≤100

注：以上项目均按元素量计，适用于阳离子交换量>5 cmol（+）/kg 的土壤，若≤5 cmol（+）/kg，其标准值为表内数值的半数。

四、生产绿色蔬菜其他注意事项

应注意在基地水源附近不得倾倒堆放、处理固体废弃物和排放工业污水、城市生活污水、剧毒废液、含病原体的废水；农用水不得浸泡、清洗装储过油类、农药、有病毒污染的车辆和容器；产地及其周围不得兴建与环境有污染的非农业建设项目，以及进行其他破坏生态环境的行为；基地还应注意尽量远离城市、工厂、医院。产地还应禁止用地表水源灌溉，地下水灌溉取水层深度必须大于 100 m。

总之，根据对环境条件的综合考虑，各项指标符合以上条件才能选为绿色蔬菜生产基地。

第二节 生产绿色蔬菜主要农艺措施

生产绿色蔬菜的农艺措施，如清园晒垡、选用抗病虫品种、种子处理、换茬轮作、播种时间的选择、高温闷棚、株行距的摆布、防虫网、遮阳网的选用、嫁接育苗、棚室内温度和干湿度的调节、滴灌技术、地膜覆盖技术、放风、二氧化碳气体使用技术等。

一、及时清园与冬季晒垡

换茬之前清洁田园残体及沟渠边的杂草，把杂草上病菌虫卵冻残、冻死，消灭在土壤中越冬的虫卵。

二、选用抗病虫品种

品种间抗性有差异，选用抗病虫品种时应注意，必须适合当地消费习惯，选用高抗或多抗优良品种，如番茄品种选用上海合作968、浙粉702、百丽，大白菜品种选用绿宝、津绿75、丰抗78、北京新三号，黄瓜品种选用津优35、中农26号，茄子选用紫光大圆茄、短把黑、茄杂2号。

三、改革耕作制度

实行用地与养地的综合体系，合理轮作倒茬，间作套种。长期连作，作物产生自毒作用，如西瓜、甜瓜、黄瓜、豌豆、大豆、番茄、石刁柏自毒作用强，连作易引起土传害加重。轮作时禁止相同科、属的作物轮作，换茬期间要晒垡、冻垡，减少土壤病虫残体，增加肥力，协调用地与养地的关系，实现作物可持续增产。大蒜、小葱根系分泌物质是杀菌剂，休闲期播种一茬小葱。

四、合理调整播期，避开病虫生育高峰

西葫芦、番茄、大白菜避开苗期高温，可减轻病毒病，可用防虫网、遮阳网育苗。

五、培育无病虫壮苗

1. 异地或客地育苗
2. 护根育苗
可采用营养钵、穴盘、营养土块育苗。
3. 加强苗期管理
提高幼苗的抗病性，移植时淘汰弱病苗，保证壮苗定植。

六、嫁接育苗

嫁接育苗可防止土传病害，增强植株的长势，提高抗寒、抗旱、抗盐能力。嫁接时应考虑砧木与接穗的亲和力、根系的抗病性、品种的高产性、适应性。如嫁接西瓜用瓠瓜、黑籽南瓜做砧木，黄瓜用黑籽南瓜与南砧一号做砧木，茄子用托鲁巴姆作砧木，番茄用新交一号作砧木。嫁接方法采用靠接、插接较好。

七、优化菜田群体结构

（1）合理密植。
（2）吊蔓，支架改善通风透光条件，可改善品质，增加产量，

弯瓜可用小石块吊起拉直。

（3）及时整枝打杈。黄瓜可支调卷须，减少养分消耗。

八、合理调控设施环境

1. 土壤湿度和空气湿度调控

覆盖地膜，加强通风可提高土壤湿度，降低空气湿度。

2. 保护地内气体调控

有机肥不足时，施二氧化碳肥；在有机肥充足条件下，不需施二氧化碳肥，作物生长需二氧化碳浓度在 $800 \sim 1\,000$ mL/m^3。经常放风，把有毒气体氨气、乙烯、二氧化硫等放出去。

3. 温度、光照的调控

根据作物生长的不同时期，进行温度、光照调控。

九、科学的农事管理

1. 提倡垄作或高畦栽培

2. 田间作业要注意病毒病的传播

3. 浇水或雨后注意中耕

4. 合理施肥，膜下灌溉，滴灌

5. 使用激素要慎重

目前，严禁使用的激素有青鲜素、2，4-D、三联苯甲酸，限用或慎用的激素有乙烯利，允许使用的激素有 GA、生长素。使用浓度不能加大，使用次数不能重复，否则易产生药害。

十、可采用无土壤栽培或土壤隔离

近年来，菜农采用高温闷棚技术，既可以熟化土壤，增加有机质含量，改善土壤结构，又可以显著减少大棚内因重浇土能引发的病害。即利用夏季蔬菜休闲季节，在灌水前亩[①]用碳铵 50 kg，随

---

① 1 亩 ≈ 667 m^2，1 hm^2 = 15 亩。全书同。

后浇水，然后盖膜，夏季其膜内温度可高达 60~70℃，可有效消灭土壤中的病虫害。

通过增施有机肥，提高土壤肥力，根据蔬菜品种，有目的地增施某些肥料。如种植草莓或瓜类，适量增施一些磷肥；种植辣椒、韭菜等辣味蔬菜，要偏重硫肥的使用，如硫酸铵、硫酸钾等含硫肥料的使用，以补充土壤中的肥料品种。

调节土壤中的 pH 值，要增施硅钙肥，其微碱性且含多种微量元素。

因高温闷棚，土壤中的生物亦被消灭，可选用酵母菌、淀粉芽孢杆菌、枯草芽孢杆菌、地衣芽孢杆菌、胶冻样芽孢杆菌、巨大芽孢杆菌等，以恢复土壤中有益菌群体，保证绿色蔬菜的正常生长，克服重茬带来的为害。

第三节　生产绿色蔬菜中有机肥料的优势作用

使用优质有机肥是生产绿色蔬菜的基础，它可以提高地力，减少化肥使用量，使蔬菜生长健壮稳苗，增强抗病虫能力，减少农药和化肥的使用数量，提高蔬菜品质，以落实农业农村部提出的"果菜茶"减少农药和化肥使用数量的目标。

一、有机肥料含有丰富的蔬菜生长发育必需的各种营养

根据分析猪粪含有全氮 2.91%，全磷 1.33%，全钾 1.00%；鸡粪中含有全氮 2.82%，全磷 1.22%，全钾 1.40%。有机肥料中的营养有 3 个可贵的特点：一是有机肥料中含有的养分较全。除了含有氮、磷、钾等大量营养元素外，有机肥料中还含有各种微量元素，如畜禽粪便中含硼 21.7~24 mg/kg，锌 29~290 mg/kg，锰 143~261 mg/kg，钼 3.0~4.2 mg/kg，有效铁 29~290 mg/kg。二是有机肥料中的养分释放速度较慢，肥效较长。有机肥料中的绝大部分养分是以有机态存在的，需经微生物分解才能被蔬菜利用，养分

释放缓慢，肥效较长，且不易引起土壤溶液高浓度化。三是有机肥料可以提高土壤有机质含量，增强保水、保肥能力。

二、有机肥料利于土壤微生物的活动

各种有机肥料实质上是有机物和无机物，有生命的微生物和无生命物质的混合体。有机肥料中含有各式各样的糖类和脂肪，猪粪中含有总糖量 0.57%（蔗糖 1 616 mg/kg，阿拉伯糖 1 995 mg/kg，葡萄糖 621 mg/kg）；鸡粪含总糖量 0.52%（蔗糖 868 mg/kg，阿拉伯糖 1 695 mg/kg，葡萄糖 716 mg/kg）；兔粪含总糖量 1.35%（蔗糖 4 200mg/kg，阿拉伯糖 2 266 mg/kg，葡萄糖 3 222 mg/kg）。有了糖类，许多土壤微生物生长发育繁殖活动就有了能源；多种微生物利用这些糖类就可以固定空气中的氮素，使其转化为蔬菜可以直接利用的氮肥；有些微生物利用这些能量，可使有些养分从不可给状态转化成可给状态；有些可溶性糖类，还可以直接被蔬菜吸收利用，直接提高蔬菜的产量和品质。

三、提高土壤的酶活性

畜禽粪便带有动物消化道分泌的各种活性酶以及有机肥料中各种微生物产生的各种酶，这些东西施用到土壤里，可以大大提高土壤的酶活性。一般来说，土壤中蛋白酶、脲酶、磷酸酶、转化酶的活性越高，反映土壤中有机物分解、转化过程越频繁，土壤养分状况越优越。脱氢酶、ATP 酶的活性越高，就反映土壤通气状况越好，土壤中能量越充足。所以，多施有机肥料，可以提高土壤活性和生物繁殖转化能力，从而提高土壤的吸附性能、缓冲性能和抗逆性能。

四、有机肥料还为蔬菜生长提供氨基酸

最近几十年，植物生理学、植物营养学证实了植物能直接吸收利用有机态氮素，氨基酸是植物生长发育的重要氮源。分析表明，

猪粪中含有 17 种氨基酸，总量为 2 404 mg/kg，牛粪中氨基酸总量为 1 815 mg/kg，羊粪中氨基酸总量为 736 mg/kg，鸡粪中氨基酸总量为 3 995 mg/kg。蔬菜等植物吸收利用某一种氨基酸，可以通过转氨基作用转化成别的氨基酸，有的还可以形成蛋白质，为蔬菜生长提供所需营养。

五、活化磷的作用

土壤中的磷化合物，一般不易呈速效态供作物吸收，而土壤有机质或腐殖质能与难溶性的磷起反应，所以增施有机肥料可加速磷的溶解，增加蔬菜对磷的吸收利用。

六、施用有机肥料还可以改良土壤的物理、化学和生物特性，熟化土壤，培肥地力

我国农村的"地靠粪养，苗靠粪长"的谚语，在一定程度上反映了施用有机肥料对于改良土壤的作用。施用有机肥料既增加了许多有机胶体，同时借着微生物的作用，把许多有机物也转化成有机胶体，这就大大增加了土壤吸附表面，并且产生许多胶黏物质，使土壤颗粒胶结起来变成稳定的团粒结构，提高了土壤保水、保肥和透气的性能以及调节土壤温度的能力。在河北褐土上每公顷施用猪粪 30 000 kg，增加土壤保水能力 3.8%，减少水分蒸发 14.3%，在早晨可以提高土壤温度 2.2℃，在中午气温很高时，可以降低土壤温度 1.9℃。施用有机物可以提高透水性，例如，在花岗岩土壤上，施用有机物的处理土壤水分渗透率提高 1.28 倍，在 8 min 时间内，每平方厘米总入渗量施用有机物的处理为 15 cm³，而单施化肥的处理只有 9.5 cm³，相差 58%。土壤物理化学性质的改善，又加强了土壤微生物的活动，加速土壤中难以被蔬菜吸收利用的养分的有效化，发挥土壤潜在肥力的增产作用。常年施用有机肥料，可以使土壤中的微生物大量繁殖，特别是许多有益微生物如固氮菌、氨化菌、纤维分解菌、硝化菌等，在常年施用有机肥的土壤中

要比不施有机肥的生土中多几千倍。这就使物质转化加强，有利于使生土变熟土，死土变为活土。极其瘠薄的低产土壤，如沙土、盐土、旱薄地等通过大量施用有机肥料，结合其他耕作、灌溉措施，也可以变成肥沃的土壤，使蔬菜生长发育旺盛，增加产量，提高品质。

绿色蔬菜施肥时应把握重施基肥、科学追肥的原则。基肥的使用以有机肥料为主（包括人畜禽粪、自制堆肥和绿肥，商品有机肥料，但人畜禽粪、自制堆肥必须充分腐熟），每亩的用量可依据土壤肥力、作物所需养分量、目标产量等因素测算，一般在每亩每年 5 000 kg 以上，基肥中可适量添加化肥（如三元复合肥），以补充有效养分。各地可因地制宜采用秸秆还田、过腹还田、直接翻压还田、覆盖还田等形式，积极利用覆盖、翻压、堆沤等方式利用绿肥扩大有机肥源。

在蔬菜上施用有机肥料可以保证蔬菜质量，使蔬菜更加安全健康，有机肥料已经成为绿色蔬菜生产必不可少的组成部分，是绿色蔬菜优质高产的重要基础。

第四节 生产绿色蔬菜中生物菌剂的使用

生物菌肥是近年来推广的种植绿色蔬菜的一项重要技术。它分为解磷菌、释钾菌、固氮菌、防治土传病害、促进蔬菜生长的各种菌种。农户可根据蔬菜品种和土壤情况灵活选用，可有效抑制和消灭土壤中的病虫害，使蔬菜生长中减少病虫害的为害，以减少和控制农药的使用数量和使用次数，更好地保障绿色蔬菜的正常生长。

农用微生物菌剂，是指目标微生物（有效菌）经过工业化生产扩繁后加工制成的活菌制剂。农用微生物菌剂作为新型肥料应用于农业生产，通过其中所含微生物的生命活动，可分解土壤养分，提高土壤养分含量，增加植物养分的供应量，促进植物生长，提高作物产量。它还能够产生多种生理活性物质、增强作物抗病和抗逆性，改善农产品品质。同时，它具有直接或间接改良土壤、恢复地力，维持根际微生物区系平衡，降解有毒、有害物质，起到改善农业生态环境的作用。

一、目前我国在有机肥料中使用的主要菌剂品种

1. 复合微生物菌剂

以先进生物发酵工艺生产的有效功能菌，实现了以菌包肥的特殊工艺，使用后微生物群可迅速繁殖，将高分子有机物转化为可被植物吸收的小分子，促进作物根系生长，提高养分吸收能力，同时，内含大量元素氮磷钾以及中微量元素钙镁硫铜铁锰锌硼钼等元素，具有缓解土壤板结，改善土壤团粒结构，固氮、解磷、释钾，提高肥效，培肥地力等功效，提高农产品天然风味，改善品质。

2. 微生物菌剂

产品中含有大量活性有益微生物和生物活性调节因子，有效保持生物菌剂各种功能性成分，具有很强的土壤繁殖能力，可以适应多种不同土壤环境，同时，还能合成赤霉素、吲哚乙酸等多种天然植物生长调节剂，在作物根部发生，可显著促进植株生长和果实生长。

3. 解淀粉芽孢杆菌剂

属于芽孢杆菌科芽孢杆菌属，形态为杆状，革兰氏染色为阳性，有孢芽，椭圆状，中性或近中性，孢芽形成后菌体不膨大，为兼性厌氧菌，其在生产过程中可以产生一系列能够抑制细菌活性的代谢物，因此，常被作为微生物菌剂广泛应用于农业生产中。

4. 鼠李糖乳杆菌剂

属于乳杆菌科乳杆菌属，形态为杆状，革兰氏染色为阳性，无芽孢，为兼性厌氧菌，在其生长过程中产生的代谢物，能促进植物的生长。

5. 地衣芽孢杆菌剂

有效活菌数 100 亿~1 000 亿/g，杂菌率≤1%，细度 100 目，芽孢率≥98%，含水量≤8%。

（1）抑制土壤中病原菌的繁殖和对植物根系的侵袭，减少植物的土传病害，预防多种害虫的暴发。

（2）提高种子的出芽率和保苗率，预防种子的自身遗传病害，提高作物成活率，促进根系生长。

（3）改善土壤团粒结构，改良土壤，能蓄能和提高地温，缓解重茬障碍。

（4）促进土壤中的有机质分解合成，极大地提高土壤肥力。

（5）抑制生长环境中的有害菌的滋生和繁殖，降低和预防各种病菌类的发生。

（6）促进作物生长、成熟，降低成本，增加产量，提高收入。
注意：使用时不要与消毒剂、抗菌剂药物、杀菌剂农药一起使用。养殖水处理时注意增氧。

6. 侧孢芽孢杆菌剂

有效活菌数 100 亿/g，杂菌率≤1%，细度 100 目，芽孢率≥98%，含水量≤8%。

（1）促进作物根系生长，增强根系吸收能力，从而提高作物产量。

（2）抑制植物体内外病原菌繁殖，减轻病虫害，降低农药残留。

（3）改良疏松土壤，解决土壤板结现象，从而活化土壤，提高肥料利用率。

（4）增强植物新陈代谢，促进光合作用和强化叶片保护膜，抵抗病原菌。

（5）增强光合作用，提高肥料利用率，降低硝酸盐含量。

（6）固化若干重金属，降低植物体内重金属含量。

7. 枯草芽孢杆菌剂

有效活菌数 50 亿/g，杂菌率≤1%，细度 100 目，芽孢率≥

98%，含水量≤8%，该产品纯度高，耐酸碱，耐高温，繁殖快，适应性强，含有多种代谢产物，具有广谱抗菌活性和极强的抗病能力，可广泛应用于畜牧养殖、水产养殖和农业种植。

（1）抑制生长环境中有害菌的滋生和繁殖，预防重茬病害及线虫的侵染，提高抗逆抗寒能力。

（2）固氮解磷释钾，平衡土壤酸碱度，改良土壤结构，保水保肥，提高肥料利用率。

（3）促进生根、增根、旺根和毛根增加。

8. 胶冻样芽孢杆菌剂

有效活菌数 50 亿/g，杂菌率≤1%，细度 100 目，芽孢率≥98%，含水量≤8%。该菌具有解磷释钾功能，可增加土壤速效磷含量 90.5%~110.8%，增加速效钾的含量 20%~35%；还能活化土壤中硅、钙、镁中量元素；可提高铁、锰、铜、锌、钼、硼等微量元素供应能力；有效提高作物抗逆性，预防病害，如作物的土传和种传病害等；增产效果明显。

9. 巨大芽孢杆菌剂

有效活菌数 100 亿/g，具有很好的降解土壤中有效磷功效。它是生产有机肥的常用菌种，还可作水体处理剂常用菌种，并有烟叶发酵增强效果。

（1）改善土壤微生态环境。

（2）减轻病害、降低农药残留。

（3）提高肥效，将无效磷转化为有效磷。

10. 多黏类芽孢杆菌

有效活菌数 100 亿/g，各种有机生物肥料均可使用。

（1）可通过灌根有效防治植物真菌性和细菌性土传病害，同时，可使植物叶部的真菌和细菌性病害明显减少。

（2）对植物有明显的促进生长、增加产量作用。

11. 淡紫拟青霉菌剂

有效活菌数 50 亿/g，它属于内寄生性真菌，是一些植物寄生线虫的重要天敌。能寄于卵，也能侵染幼虫和雌虫，可明显减轻多种作物根结线虫、胞囊线虫、茎线虫等植物线虫病的为害。

其与线虫卵囊接触后，在黏性基质中，生防菌菌丝包围整个卵，菌丝末端变粗，由于外源性代谢物和真菌几丁质酶的活动使卵壳表层破裂，随后真菌侵入并取而代之，也能分泌毒素对线虫起毒杀作用，是防治根结线虫最有效最有前途的生防菌剂。

12. 绿色木霉菌剂

有效活菌数 50 亿/g，可直接加入腐熟剂、有机肥料、生物菌剂等肥料中。

（1）通过产生小分子的抗生素和大分子的抗菌蛋白，或胞壁降解酶类来抑制病原菌的生长、繁殖和侵染。

（2）通过快速生长和繁殖而夺取水分和养分，占有空间、消耗氧气等，以至削弱和排除同一环境中的灰霉病病原物。

（3）能形成腐霉，对灰霉病菌具有重寄生作用，抑制灰霉病症状的出现。

（4）能增加种子的萌发率、根和苗的长度以及植株的活力。

13. 黑曲霉素菌剂

有效活菌数 50 亿/g，用于复合微生物肥料接种剂、生物有机肥、秸秆腐熟和畜禽粪便，也是有机垃圾的发酵剂。

（1）它是重要的发酵工业菌种，可生产淀粉酶、酸性蛋白酶、纤维素酶、果胶酶、葡萄糖氧化酶、柠檬酸、葡糖酸和没食子酸等。有的菌株还可将羟基孕甾酮转化为雄烯。生长适温 37℃，最低相对湿度为 88%。

（2）它还具有裂解大分子有机物和难溶无机物、便于作物吸收利用、改善土壤结构、增强土壤肥力、提高作物产量的效果。

14. 米曲霉素菌剂

有效活菌数 50 亿/g，可用于微生物肥料接种剂、生物有机肥、秸秆腐熟剂和畜禽粪便，还可作为有机垃圾发酵剂。它属半知菌亚门丝孢纲丝孢目从梗孢科曲霉属真菌中的一个常用种。它还是产复合酶的品种，可产蛋白酶，产淀粉酶、糖化酶、纤维素酶、植酸酶等。

15. EM菌剂

有效活菌数100亿/g，它主要由光合细菌、乳酸菌和酵母菌群组成，经特殊工艺发酵而成，根系促进生长物质、多种未知抑制病菌因子。

（1）促进土壤有机质分解，提高土壤肥力，改善土壤结构，增加土壤有机菌群，抑制病原微生物，预防、减少病害的发生，减少化肥和农药的使用量。

（2）根据植物的代谢功能，提高光合作用，促进种子发芽、根系发达，早开花，多结果，成熟期提前3~5天。

（3）解磷、释钾，提高肥料利用率，消除土壤板结。

（4）平衡pH值，防治黑根病、烂根死棵，长期使用可减轻作物的连作病害。

（5）提高作物产量，延长果菜保鲜时间。

16. 放线菌剂

有效活菌数100亿/g，它是一种高效生物发酵剂，菌种活力强，代谢物丰富，故用量小，作用明显。

（1）目前人类生活中用的抗生素，70%是放线菌在活动中产生的蛋白酶、淀粉酶、纤维素酶、维生素B_{12}和有机酶等。

（2）它可用于有机肥或拌种，防治镰刀菌引起的各种病害。

（3）其通过固氮作用产生的激素和生长素可直接促进作物生长，使植物干重和叶绿素含量增加，促进根系发达。

（4）寄生作用，它可寄生在病原菌营养菌丝体中，使菌丝体发生形态上的畸变，从而破裂，达到防治病害的目的。

17. 生物有机肥发酵剂

用于秸秆腐熟、粪便腐熟、食用菌下脚料、中药渣、糖渣、酒渣、醋渣、味精渣等有机产品的腐熟剂。它主要由放线菌、芽孢杆菌、酵母菌、丝状真菌等有益微生物组成，还有各种胞外酶类。有效活菌素 200 亿/g。

（1）用量小，发酵菌量大，1 kg 菌剂可发酵 1~10 t。

（2）起温快，在温度 0℃ 以上时，2 天温度可升至 60℃，可充分分解各种原料臭味中的有机硫化物、有机氧化物等，升温后 2~3 天臭味大幅度降低。

（3）发酵周期短，15~20 天可达到基本腐熟状态。

（4）发酵过程温度高，60~70℃ 可持续数天，能杀灭发酵物中的病菌、虫卵、杂草种子、病毒等。

（5）堆肥中总养分损失少，腐殖质含量高，一些营养元素含量增高。

18. 强效颗粒功能菌剂

它含有活性复合微生物菌种，内含枯草芽孢杆菌、地衣芽孢杆菌、巨大芽孢杆菌、胶冻样芽孢杆菌等，采用先进的包衣技术，更加有效地保护菌种的活性。有效活菌数 50 亿~100 亿/g。

（1）疏松土壤，打破板结，提高土壤透气性，分解养分能力强，部分分解可达到 30%，亦可保存土壤营养成分不挥发不流失，且能均衡营养。

（2）可调节酸性土壤，提高 pH 值。

（3）可预防各种病害。

（4）可提高肥料利用率 30% 左右。

19. 芽孢母液菌剂

有效活菌数 200 亿/g，它含有枯草芽孢杆菌、地衣芽孢杆菌、侧芽孢杆菌等微生物种等。其采用先进的液体发酵工艺，不但含有以上菌种，还含有固氮、解磷、释钾活性菌，还含有几丁质酶、蛋白酶、纤维素酶等多种活性酶素和代谢产物。

（1）抗重茬，阻断土传病害。

（2）活化土壤，均衡养分。

（3）快速生根，发苗壮秧。

（4）抗盐碱，改善土壤环境。

(5) 保水肥，提高肥料利用率，增产增收。

20. 青贮菌剂

它是由乳酸菌和纤维素酶复制而成的发酵剂，专为玉米、牧草青贮、窖贮而研发的产品。它可使青贮料快速发酵生成乳酸，迅速降低 pH 值，抑制霉菌和腐殖酸生长，保饲草汁多，适应性强，提高营养价值和减少干物质损失，附加值极高。100 g/袋可青贮 40~50 t 贮料。

有效活菌数 1 000 亿/g，因喷雾器喷洒于料体上，用较厚的塑料布或帆布盖严，并压些沙袋、轮胎、石头块之类重物，以防风害。

21. 微生物除草菌剂

其来源于发酵产物真菌分离于美国的一种豆科植物上，是一种特异性致病真菌，可穿过杂草表皮进入其体内，而致其死亡。在田间温度较高时，喷洒于杂草上即可，可与除草剂混用，但不能与杀菌剂混用，是选择性除草剂。

22. 生物固氮菌剂

空气中的氮气含 77.8%，是人类取之不尽、用之不竭的生产氮肥的原料。目前，常用的氮肥多是工业上以二氧化碳为原料在高温高压条件下直接合成的，而空气中氮素主要靠有根瘤菌的作物吸收和利用，人类利用生物固氮菌将空气中的分子态氮转化为农作物能利用的氨，进而为其提供合成蛋白质所需要的氮素营养肥料。

23. 坚强芽孢杆菌剂

对农业种植中的细菌、真菌性病，具有很高的活性，抗病菌广谱，见效快，尤其对腐烂型、枯萎型、生长型等均有较好的生物防治效果。

（1）对病菌的营养和空间的争夺，依据自身生长的强势对致病菌的营养进行抢夺、挤压；侵入致病菌的生长空间，使致病菌群逐渐稀疏，直至其死亡，从而建立起有益生物的优势菌群。

（2）产生富含抗菌物质的代谢产物、代谢分泌的细菌素

（枯草菌素、多黏菌素、制霉菌素等）、脂肽类化合物、有机酸类物质等，这些代谢产物可有效抑制原菌的生长或溶解病原菌，以致杀死病菌，它分泌的酶类有机丁致霉抗菌蛋白，对多种植物原病菌有强烈的抑制作用，可使致病菌的菌体畸形、细胞破裂，内含物质外泄，活体丧失，从而失去对作物的侵染及致病能力。

（3）改善土壤结构，提高肥料的利用率，产生的代谢产物中富含蛋白酶、淀粉酶、酯酶等酶类以及有机酸等物质，可提高肥料利用率，改善土壤的微结构，有利于作物的生根、生长。

（4）应用范围包括植物的土传病害、重茬病、霜霉病、灰霉病、白粉病、炭疽病、立枯病、根腐病、枯萎病、细菌性疫病、黑腐病、细菌性腐烂病、叶斑病等。

24. 泾阳链霉素剂

具有增强土壤肥力、刺激作物生长作用。

25. 菌根真菌剂

扩大根系吸收面，增加对原根毛吸收范围外的元素（特别是磷）的吸收能力。

26. 光合细菌菌剂

可合成糖类、氨基酸类、维生素类、氮素化合物、抗病毒物质和生理活性物质，是肥沃土壤和促进植物生长的很好物质。

27. 乳酸菌菌剂

具有很强的杀菌能力，能有效地抑制有害微生物的活动和有机物的急剧腐败及分解，能够分解在常态下不易分解的木质素和纤维素，还能抑制连作障碍致病菌的增殖。

28. 酵母菌菌剂

它利用土壤中的有机质而发酵分解，可疏松土壤，合成促进根系和植物生长的细胞分裂的活性物质及植物生长需要的养分，提高作物产量。

29. 凝结芽孢杆菌剂

它可利用和降低在植物生长环境中有机肥和化学肥料分解和跑溢的氨气及硫化氢等有害气体，防止对植物产生危害，并可提高作物果实中氨基酸的含量，改善品质。

30. 哈茨木霉菌菌剂

可用其菌剂拌种或加入有机肥料中，用来防治腐霉菌、立枯丝核菌、镰刀菌、黑根霉、柱胞菌、核盘菌、齐整小核菌等病原菌引起的植物病害。

31. 其他

此外，还有多角体病毒、苏云金芽孢杆菌、白僵菌、绿僵菌等菌剂，可用来毒杀害虫。

二、农用微生物菌剂的主要功能和作用

1. 防治蔬菜、果树病虫害，减少农药使用量

生物菌剂可有效防治地下病虫害和植物病害及病菌。根据山东、河北、山西等省的大量研究试验证明，生物菌剂对果树的腐烂病、小叶病、黄叶病，黄瓜的霜霉病，辣椒的炭疽病、病毒病等都有明显防治和抑菌杀菌的效果。

国内外大量研究资料证实，施用腐殖酸使好气性细菌、放线菌、纤维分解菌的数量增加较多，对加速有机物的矿化，促进营养元素的释放有利。因此，施用腐殖酸，可以防治果树的烂根病、黄叶病、小叶病、枯萎病。

2. 降低病害发生，提高作物抗病虫害能力，降低农药残留

微生物菌剂中的有效菌，具有分泌抗生素类物质和多种活性酶的功能。这两类物质能干扰其他生活细胞的发育功能，能抑制或杀死致病菌，降低病害发生。

微生物菌剂中的有效菌，可以产生抑菌肽或乳酸，可以抑制和减轻植物细菌及真菌病害。

菌群的占位效应。微生物菌剂施入土壤后，有效菌可以迅速繁

殖，成为优势菌，控制了根际的营养和其他资源，致使病原菌在相当程度上丧失生存空间和条件。

微生物菌剂施用后在植物根际迅速形成良性的微生态系统，其中，富含的高活性有益菌能够固氮、解磷、解钾等促进植物对营养的吸收，从而可以使植物有关组织细胞壁增厚、纤维化、木质化程度提高，有效提高作物抗病虫害能力。

3. 对化肥和微肥有增效作用

目前，氮肥利用率为 30%~50%，磷肥利用率 10%~20%，钾肥利用率为 50%~70%，如何提高化肥利用率，已经成为全世界非常重视的研究课题。提高化肥利用率途径很多，目前，最有效的成果就是利用生物活性添加剂去活化腐殖酸，增强其化合、吸附、螯合、微生物繁殖等化学活性和生物活性来有效提高化肥利用率。

4. 对作物生长发育的作用

生物菌剂的分泌物含有多种高效功能团，被活化后的含有益生物菌群的土壤对作物生长发育及体内生理代谢有刺激作用，这种特性是一般肥料所不具备的，活化后的高效生物活性物质可提高种子、作物的生理活性，按一定浓度采用浸种、浸根、蘸根、喷洒、浇灌、作底肥等方式，对各种作物都有明显的刺激效果。

5. 提高作物抗旱能力以及增强作物的抗寒性

生物菌剂的施用，能使植物叶片气孔张开度减少，叶片蒸腾量降低，耗水量减少，植株体内的水分状况得到改善，使叶片含水率提高，提高了作物的抗旱能力；生物菌剂的施用还能够提高叶绿素的含量和光合作用的正常进行，对于物质的积累和千粒重的提高是非常重要的。

施用生物菌剂对南方的早春育秧和北方小麦的抗寒都有明显效果。施用生物菌剂后，地温得到提高，南方各地早稻秧苗素质普遍得到改善。西南大学在试验时发现，北方地区的冬小麦麦苗受到冻害时，施用菌剂，可有效提高小麦抗寒能力，不同程度减轻了冻害。

6. 增强酶活性，提高农产品品质

生物菌剂特殊的分泌物进入植物体后，对植物起到刺激作用，主要表现在：呼吸强度的增加，光合作用的增加，各种酶的活动增强，从而使果实提前着色成熟，获得高产、高值。科研人员和广大农民在长期实践中总结出施用生物菌剂，不仅有明显的增产效果和经济效益，而且生物菌剂绿色、环保，大大提高农产品品质，是绿色基础产业的重要产品。

7. 提高地力、改良土壤

生物菌剂可以活化土壤有机与无机养分，提高土壤养分含量；还可以改善土壤团粒结构，提高保水保肥能力，抗旱、抗逆、抗寒、抗倒伏；不间断使用，可改善土壤微生态环境，消除土壤板结、中和酸碱度，降低土壤重金属和盐碱毒害。

生物菌剂不仅是减少农药、化肥使用量的主要措施，也是减少土壤污染、蔬菜污染的主要措施。

第五节　绿色蔬菜生产的重要技术——无土栽培

无土栽培是国际上采用的一种先进技术，它可以控制蔬菜土传病害的发生，封闭性的管理可自动调节室内的温度和干湿度，对促进蔬菜生长和防控病虫害的发生创造了很好的生长环境。同时可防止气传、风雨传播病害和虫害的侵入，是生产绿色和有机蔬菜的重要技术。

无土栽培技术，也为我们生产棚室蔬菜提供技术参考。如控制棚室内的温度和干湿度，推广滴灌和地膜技术、防治大水漫灌，使用好防虫网，增施 CO_2 气肥，采用高温闷棚技术，消灭土壤和棚室内的病虫害等。

一、无土栽培的特点

无土栽培是近几十年来新兴的一个学科和栽培技术。这种方法摆脱了传统的土壤栽培的局限，把蔬菜等作物栽培在具有植物生长发育需要的多种营养物的溶液中，以沙石、石棉、稻糠、泡沫塑料等基质来固定植株，在这样的环境中有较好的气体条件、水分条件、矿质营养、适宜的酸碱度等，不仅能获得高产，还能减少土传病害的发生。

我国的无土栽培技术目前还处于起步阶段，仅上海、南京、北京等大城市的院校科研单位有小面积的无土栽培。我国无土育苗工作开展得较好，已取得了可喜的成果。

无土栽培是在人为控制的环境下进行生产，蔬菜生产发育中所需要的条件得到了充分的满足，因此植株长得快、生长期拉长。一般蔬菜的产量比土壤栽培的产量高出 5~10 倍，甚至几十倍，上百倍。

无土栽培的蔬菜品质好。如番茄，与无土栽培相比，外观颜色好看，味道甜，维生素 C 的含量约高 30%，维生素 A 和矿物质的含量也有增加。

无土栽培减少了病虫害的发生。植物的病虫害多数是土壤传播的。无土栽培离开了土壤，使许多的害虫失去了生活和传宗接代的条件，所以大多数病虫害都可以避免。

无土栽培节约了肥水。土壤栽培中，每年要施入大量的粪肥，很大一部分流失渗透或蒸发，损失多达 40%~50%。而无土栽培的营养液用后，还可以回收再利用，养分在容器中，可以少损失或不损失，一般损失也不会超过 10%。水的用量可省 30%~50%。

无土栽培不污染环境。无土栽培不施有机肥，不使用污水，又不用土壤，避免了土壤传播的病虫害，用农药的机会少了。因此，无土栽培的蔬菜不会被污染，同时，也不会污染环境。无土栽培不需要土壤耕作和锄草等，可以大大节省劳动力。

二、无土栽培的种类、方法及设备

无土栽培的种类多达几十种，现就常用的几种方法简单介绍如下。

水培法。水培就是不用任何固定基质，使植物根连续或不连续地浸入于营养液中的一种栽培方法。植物的根悬挂在营养液中，靠盖在栽培槽上面的栅或架固定植株。营养液在槽中不断的流动，营养液只在槽底有一薄层，则根的上部露在营养液面上，以增加氧气，下部的根在营养液中，以汲取养分。

沙培法。沙培是以沙、珍珠岩、塑料或其他无机物质为固体基质。这些物质的直径小于 3 mm，呈松散颗粒状态。植物的根就扎在这些基质中。供给养分的方法又有几种，其中，表面浇水法和滴灌浇水法较方便。表面浇水法就是将所需的营养液配成以后，用管子或喷雾器浇到沙层表面，使液体自由流下即可。滴灌浇水法只是使营养液一滴滴地落在沙层表面，使沙层始终保持湿润。

砾培法。砾培是用砾、玄武岩、溶岩、塑料或其他无机物质为固体基质。这些物质是直径 3 mm 的颗粒，植物就生长在多孔或无孔的基质中。

沙砾法。是用沙和砾相混合作为基质的方法。这种方法具有沙培法和砾培法的优点，不需要复杂的设备，种植的规模可大可小。

无土栽培的容器：无土栽培首先要选场地，任何具备一定光照、温度、水源条件的地方，都可以利用。在塑料大棚中搞无土栽培，可以向空间发展，是较好的场所，其容器为栽培槽。最好用木料、混凝土、砖、塑料板、石膏板等制作。各种陶瓷器皿，如缸、盆、罐头桶、花盆等也可。

槽的规格不限，利于操作即可。一般深 15~25 cm，宽 1.3~1.5 m，长 5~20 m，按需要确定槽体的形势和大小。

栽培钵最好用陶瓷制作，钵高 40 cm，直径 30 cm 为适宜。

无论是栽培还是栽培钵，下部都要设有排水口，便于回收废液。

栽培基质的选择。前面提到的许多无机物质都可以作为无土栽培的固体基质。但不论选择哪一种，都必须具备以下条件：首先，透气性要好，为作物根系提供充足的氧气环境条件；其次，化学性质稳定，不与营养液发生化学反应，不改变营养液的酸碱度；再次，基质要具有一定的持水力，取材容易，价格便宜，如河沙、砾石、蛭石、泡沫塑料、炭化稻糠、炭渣等，均可选用。

供营养液的设备。大面积无土栽培要有工业设备，才能实现工业自动化，节省劳力。供液设备包括贮液槽、输液管、泵等。各栽培槽都有送液管和排液管，通过泵把贮液槽中的营养液送到栽培槽，再由栽培槽通过回液管，将废液送回贮液槽，即通过泵使营养液得到循环使用。

三、无土栽培的营养液配制

无土栽培的营养液，必须包括蔬菜生长发育时所需要的全部营养，且所有营养元素应具备易溶于水、易被作物吸收、对作物无毒无害、不影响营养液的酸碱度等特点。

蔬菜需要的矿物营养元素较多，各元素的需求量是不同的。其中大量元素有氮、磷、钾、钙、镁、硫；微量元素有铁、硼、锰、铜、锌、钼。在营养液配制中离不开这12种植物必须的营养元素。

无土栽培所用氮源应以硝态氮为主，铵态氮用量过大，易引起钙、镁缺乏症，对植株生长不利，所以要少用。可供选用的氮源有硝酸钠、硝酸钾、硝酸铵、硝酸钙、硫酸铵、尿素、氯化铵、氢氧化铵等。

磷元素主要以磷酸氢根离子形式被作物吸收。可供选择的磷素肥源有磷酸二氢钾、过磷酸钙、磷酸一钙、磷酸铵、磷酸一钾、磷矿粉、磷酸钙、骨粉、骨灰、骨炭、偏磷酸钙、磷酸氢钙、钙化磷酸盐等。

钾元素在植物体内主要以离子状态存在。可选用以下钾素化合物，如硝酸钾、硫酸钾、氯化钾、硅酸钾、硫酸镁钾、碳酸镁钾、天然钾盐、光卤石、钾盐镁矾等。

钙元素的化合物主要有过磷酸钙、硝酸钙、磷酸一钙、磷酸三钙、重过磷酸钙、硫酸钙、氯化钙、氢氧化钙、磷酸钙、硅酸钙等。

镁元素的化合物有硝酸镁、硫酸镁、磷酸氢镁、氧化镁、碳酸镁、氢氧化镁等。

硫元素的化合物主要有硫酸钾、硫酸铵、硫酸镁、硫酸钙等硫酸盐类。

铁元素的化合物有硫酸低铁、柠檬酸铁铵、过氯化铁、硼酸低铁、鳌合态铁等。

硼元素化合物有硼酸、硼酸钾、四硼酸钠（硼砂）、磨细的硼硅酸盐等。

锰元素的化合物有硫酸锰、碳酸锰、氧化锰等。

铜元素化合物主要有硫酸铜、蓝矾等。

锌元素的化合物常用的有硫酸锌、氯化锌等。

钼元素化合物有钼酸、钼酸钠、钼酸铵等。

上述各类化合物，在配制营养液时，应根据营养元素在各种化合物中的含量，以及用它们配制时的效果进行选择。各种元素配制浓度和比例，也要根据各种蔬菜作物的不同生育期或不同的栽培季节，进行合理的调节，以适应蔬菜生长发育的要求。微量元素的用量虽极少，但它们对蔬菜的生长却是十分重要的，在配制营养液中不可缺少，应酌情加入。

营养液的配方繁多，没有统一的标准，下边选的配方供使用时参考。

黄瓜：每升水（下同）中加硫酸铵 0.190 g、硫酸镁 0.537 g、磷酸一钙 0.589 g、硝酸钾 0.915 g、过磷酸钙 0.33 g。

或硝酸钙 0.945 g、硝酸钾 0.593 g、磷酸二氢钾 0.362 g、硫酸镁 0.493 g、氯化钙 0.029 g。

番茄：硫酸铵 0.190 g、硫酸镁 0.644 g、硝酸钠 0.763 g、硝酸钙 0.337 g、氯化钠 0.078 g、过磷酸钙 1.328 g。

或硫酸镁 0.357 g、硝酸钙 2.52 g、磷酸一钾 0.525 g。

或硫酸镁 0.156 g、磷酸一钙 0.156 g、硫酸钙 0.156 g、硝酸钙 0.39 g。

或硫酸镁 0.339 g、磷酸二氢钾 0.132 g、硝酸钙 2.096 g、硝酸钾 0.161 g、硫酸钾 0.019 g、氯化钠 0.157 g、浓硝酸 0.013 mL、浓盐酸 0.02 mL。

芹菜：硫酸镁 0.752 g、磷酸一钙 0.294 g、硫酸钾 0.5 g、硝酸钠 0.644 g、氯化钠 0.156 g、磷酸一钾 0.175 g、硫酸钙 0.337 g。

莴苣：硫酸铵 0.237 g、硫酸镁 0.537 g、磷酸一钙 0.589 g、硝酸钙 0.658 g、硝酸钾 0.55 g、硫酸钙 0.078 g。

菠菜：硫酸镁 0.537 g、硫酸铵 0.379 g、硝酸钙 1.857 g、硫酸钾 0.15 g、磷酸一钾 0.306 g。

小萝卜：硫酸铵 0.284 g、硫酸镁 0.537 g、磷酸一钙 0.589 g、硝酸钾 0.61 g、硝酸钙 0.675 g。

甘蓝等绿叶菜：硫酸铵 0.237 g、硫酸镁 0.537 g、硝酸钙 1.26 g、硫酸钾 0.25 g、磷酸一钾 0.35 g。

上述配方均为大量元素用量。微量元素的用量参照下述配方配制。

硫酸铁 0.12 g、硼酸 0.000 6 g、硫酸锰 0.000 6 g、硫酸锌 0.000 6 g、硫酸铜 0.000 6 g、钼酸铵 0.000 6 g。

四、营养液配制和使用的几个问题

使用氮肥以硝态氮为主，铵态氮用量不应超过总氮量的 25%。

含氯的肥料，如氯化钾、氯化铵，因有氯的成分，对作物生长不利，营养液中的氯离子浓度应控制在 0.35 mg/kg 以内。尤其是忌氯作物，如马铃薯、根菜类等，一般不使用含氯的化肥。

配制营养液的水质要有所选择，过硬的水不宜使用，否则会改变无机盐的浓度，难以掌握溶液浓度的变化。

配制营养液时，不宜使用有机肥或有机发酵物。因为有机肥的含肥量不易计算，有机成分又不易被作物直接吸收利用，还可能对作物生长不利。

注意 pH 值变化，各种作物对营养液中的 pH 值，都有一定的要求，一般应为 5.0～6.5。过高时，对锰、铁的吸收不利；过低时，又会造成钾、钙、镁元素的缺乏。应在过高时加硫酸，过低时加氢氧化钠，对营养液的酸碱度进行及时的调节。

为了保证根际有充足的氧气供根呼吸作用的需要，不能将根全部浸泡于营养液中，根颈和老根必须处在种植床的湿润空气中，而幼根浸入营养液中，营养液的液面要随根的生长及时进行调整，保证适宜的液面高度。

营养液的温度直接影响着根系对水分和养分的吸收，应根据不同作物对温度的要求进行调节。多数蔬菜适合的温度 15～28℃，调节温度时，要注意光照条件。要求是：光照强，温度要高；光照弱，温度要低。光照弱温度高，或者光照强而温度低，对蔬菜的生长都是不利的。

其他管理技术，如植株的调整、生长素的使用、病虫害的防治方法、适时采收等，与土壤栽培的方法相同。

第二章 绿色蔬菜病虫害防治新技术

绿色蔬菜生产是一个系统工程，包括品种、种子处理、土壤、水、农药、管理技术、农业措施等。农业农村部近年也发出了菜、果、茶要增施有机肥、生物菌肥，减少农药和化肥使用量、减少污染等措施，以生产出更多的绿色或有机农产品。

本章防治病虫害的措施是我国科技工作者、种植蔬菜专业户和各级农业技术部门，在实践中总结出的实际成果，能替代和减少农药使用量和使用次数。各农户在蔬菜种植管理中，要结合实际情况，以此为参考，灵活运用，以达到减缓或推迟病虫害的发生时间和发生程度，以减少农药的使用数量和防治次数。如菜农在棚室内使用碳酸氢钠，即在苗期病害未发生前，每 7 天喷 1 次 0.2% 碳酸氢钠溶液，可推迟和减少叶片病的发生，因碱性环境不利于各种病害的生长和繁殖。

第一节 化学农药的使用

生产绿色蔬菜常用农药及禁用药见表 2-1 至表 2-3。

表 2-1 生产绿色蔬菜使用农药的品种、浓度和安全间隔期

农药名称	常用药量或稀释倍数	最多使用次数	安全间隔期（天）
吡虫啉（大功臣）10%WP	4 000~6 000	1	10
呋虫胺 20%SG	1 000~1 500	2（1）	3（7）
阿维菌素 1.8%EC	3 500~5 000	2（1）	5（10）

（续表）

农药名称	常用药量或 稀释倍数	最多使 用次数	安全间 隔期（天）
甲维盐 5%EC	5 000~10 000	2	10
螺虫乙酯 4.5%SC	5 000	2	10
辛硫磷 50%EC	1 000~1 500	2（1）	7（10）
氟啶虫酰胺 10%WDG	2 500~5 000	2	7
氯虫苯甲酰胺 10%WDG	3 000	2	10
烯啶虫胺 10%AS	4 000	4	14
喹硫磷 25%EC	500~800	3	7
伏杀硫磷 35%EC	400~500		10
杀虫畏 20%EC	800	2	3
克蚜星 40%EC	600	3	7
敌百虫 90%SP	800~1 000	3（1）	7（10）
抗蚜威（辟蚜雾）50%WP	2 500	2（1）	7（10）
啶虫脒 3%EC	1 000	3	4
噻虫嗪 25%SL	400~500	2	7
灭杀毙（增效氰马）21%EC	4 000	1	10
吡蚜酮 50%WDG	2 500~5 000	2	10
阿米西达 25%SC	1 000~1 500	2	3
伏虫隆（农梦特）5%EC	1 200	2	10
齐墩螨素（虫螨克）1.8%EC	3 000~4 000	1	7
氟唑磷（米乐尔）3%GR	2~2.5 kg/亩	2	土地处理
密达杀螺剂 6%GR	0.5~0.7 kg/亩	2	药土处理
灭蜗灵 8%GR	1.5~2 kg/亩	2	药土撒施
醚菊酯（多来宝）10%EC	1 500~2 000	3	7
顺式氯氰菊酯 （高效灭百可）10%EC	5 000	3	3

（续表）

农药名称	常用药量或稀释倍数	最多使用次数	安全间隔期（天）
氯氰菊酯（兴棉宝）10%EC	2 000~3 000	3（1）	3（叶菜7，番茄5）
溴氰菊酯（敌杀死）2.5%EC	1 500~3 000	3（1）	2（叶菜7）
氰戊菊酯（速灭杀丁）20%EC	1 500~3 000	3（1）	5（叶菜15，番茄10）
氟氯氰菊酯（百树得）5.7%EC	2 000	3（1）	7
三氟氯氰菊酯（功夫）2.5%EC	1 500~2 000	3	7
顺式氰戊菊酯（来福灵）5%EC	4 000~6 000	3	3
甲氰菊酯（灭扫利）20%EC	2 000~2 500	3	3
氯菊酯（二氯苯醚菊酯）10%EC	2 500~5 000	3	2
联苯菊酯（天王星）2.5%EC	2 000~3 000	3	4
克螨特73%EC	2 000	2	7
双甲脒（螨克）20%EC	1 000~2 000	1	30
噻螨酮（尼索朗）5%EC	1 500~2 500	1	30
三唑锡（倍乐霸）25%WP	1 000		21
氟虫脲（卡死克）5%EC	2 000		10~14
丁虱净（扑虱灵）10%WP	1 000		11
除虫脲（灭幼脲1号）25%WP	1 500		11
灭幼脲3号25%SC	2 000		15
王铜（氧氯化酮）30%SC	600	4	1
吡唑醚菌酯15%SC	2 000	3	1
恶霜锰锌（杀毒矾）64%WP	500	3	8
甲霜铜50%WP	500~600	3	3
甲霜灵锰锌58%WP	500~600	3	3
代森锌80%WP	600	3	15

（续表）

农药名称	常用药量或稀释倍数	最多使用次数	安全间隔期（天）
代森锰锌 70%WP	300	2	15
多菌灵 50%WP	500~600	2（1）	5（黄瓜10）
甲基硫菌灵（甲基托布津）70%WP	800~1 000	3	5
灭病威 40%SL	600~800	3	5
琥胶肥酸铜（DT）30%悬乳剂	400~500	4	3
络氨铜 14%SL	300	3	7
琥乙磷铝（DTM）60%WP	600	3	7
百菌清 75%WP	600	3（1）	7（番茄30）
三唑酮（粉锈宁）25%WP	1 000	2	3
乙烯菌核利（农利灵）50%WP	1 000	2	4
腐霉利（速克灵）50%WP	1 200~1 500	3（1）	1（黄瓜5）
氟菌唑（特富灵）30%WP	1 500~2 000	2	3
霜霉威（普力克）72.2%SL	400~600	3	10
氢氧化铜（可杀得）77%WP	500	3	7
克露 72%WP	1 000	2	5
新万生 80%WP	600~800	2	5
戊唑醇 43%SC	5 000	2	5

注：1. 农药剂型 WDG（水分散粒剂）、SP（可溶性粉剂）、EC（乳油）、WP（可湿性粉剂）、SG（可溶粒剂）、SC（悬浮剂）、AS（水剂）、SL（浓缩可溶剂）、GR（颗粒剂）。

2. 凡经国家批准登记可在蔬菜上使用的新农药，如暂无农药残留限量、使用次数及安全间隔期的，可参照农药说明书使用。

3. 括号内的数字为 A 级绿色食品蔬菜生产要求的限制值。

表 2-2　常用农药品种与药害

农药品种	药物敏感的蔬菜作物种类	注意事项
敌百虫	豆类作物、瓜类幼苗、玉米、高粱	不宜使用
敌敌畏	豆类作物、瓜类幼苗、玉米、高粱	降低浓度
辛硫磷	黄瓜、大白菜、菜豆、玉米、十字花科蔬菜幼苗期	降低浓度
马拉硫磷	番茄幼苗、瓜类、豇豆	
倍硫磷	十字花科蔬菜的幼苗	
杀螟硫磷	玉米、白菜、油菜、萝卜、花椰菜、甘蓝、青菜等十字花科作物	易产生药害，不宜使用
丙溴磷	瓜类和豆类作物、十字花科蔬菜	
杀虫双	白菜、甘蓝等十字花科蔬菜幼苗、豆类、马铃薯	易产生药害，不宜使用
杀虫单	大豆、菜豆、马铃薯	
杀螟丹	白菜、甘蓝等十字花科蔬菜幼苗	
异丙威	薯类作物	
甲萘威	瓜类作物	
定虫隆	白菜幼苗	
吡虫啉	番茄、豆类、瓜类蔬菜	极敏感，慎用
农地乐	瓜苗（特别是保护地）	可在瓜蔓 1 m 以后使用
浏阳霉素	十字花科蔬菜	降低浓度
洗衣粉	豆类、瓜类蔬菜	慎用或先试验后用
菌核净	番茄、茄子、辣椒、菜豆、大豆	先试后用
三乙膦酸铝	黄瓜、白菜	降低浓度
百可得	石刁柏	造成嫩茎轻微弯曲
炔螨特	瓜类、豆类（25 cm 以下苗）	降低浓度
噻嗪酮	白菜、萝卜	不能使用
代森锌	瓜类等葫芦科蔬菜	蔓长 1 m 以后使用

（续表）

农药品种	药物敏感的蔬菜作物种类	注意事项
代森铵	瓜类	慎用
乙膦铝	黄瓜、白菜、瓜类幼苗	降低浓度
春雷·王铜	豆类、藕等嫩叶	降低浓度
土菌消		降低浓度
腐霉利	幼苗、弱苗或高温条件下，白菜、萝卜	降低浓度
灭菌丹	番茄、豆类	降低浓度
多菌灵磺酸盐	瓜类幼苗	降低浓度
春雷霉素	菜豆、豌豆、大豆、藕	降低浓度
丙环唑	大多数蔬菜	植株心叶易变畸形，不用
三唑酮	草莓	慎用
琥珀硫酸铜	瓜类、十字花科蔬菜	降低浓度
硫黄及多硫胶悬剂	黄瓜、大豆、马铃薯	食醋、红糖可以解多硫离子的碱害
波尔多液	马铃薯、番茄、甜椒、瓜类易受石灰伤害	适用半量式或等量式
硫酸铜	白菜、大豆、莴苣、茼蒿	慎用
氢氧化铜	白菜、大豆	高温高湿下慎用
王铜（氧氯化铜）	白菜、豆类、莴苣	高温高湿下慎用
氧化亚铜（铜大师）	荸荠等对铜敏感的蔬菜	慎用；高温高湿下慎用
碱式硫酸铜	对铜敏感的蔬菜	慎用
甲霜铝铜	对铜敏感的蔬菜	慎用
混合氨基酸络合铜	白菜、菜豆、芜菁等对铜敏感的蔬菜	慎用，或先试后用
复硝酚钠	结球形叶菜	收货前 1 月内停用
氟铃脲	十字花科蔬菜	降低浓度
多杀霉素	棚室高温下瓜类、莴苣苗期	降低浓度

（续表）

农药品种	药物敏感的蔬菜作物种类	注意事项
石硫合剂	果实收获期	不能使用
	番茄、马铃薯、豆类、葱、姜、甜瓜、黄瓜	降低浓度
咪鲜胺锰络合物	西瓜苗期	降低浓度
	蘑菇	收货前10天停用
戊唑醇	花期和坐果期	不能使用
烯唑醇	西瓜、大豆、辣椒	高浓度时要害
嘧菌环胺	黄瓜、番茄	降低浓度
波·锰锌	黄瓜、辣椒幼苗期	禁用
烯肟菌胺	瓜类苗期	降低浓度
水胆矾和两水硫酸钙（必备）	对铜制剂敏感的作物	降低浓度
氟啶胺	瓜类蔬菜	降低浓度
霜霉威	黄瓜	减少用药次数
噁霉灵	芹菜	降低浓度
二甲戊灵	大葱、水萝卜	降低浓度
萘氧丙草胺（敌草胺）	胡萝卜、芹菜、菠菜、茴香、莴苣	不能使用
克草胺	黄瓜、菠菜	慎用
仲丁灵	小葱菠菜等蔬菜的苗期	不宜使用
氟乐灵	黄瓜、番茄、辣椒、茄子、小葱、洋葱、菠菜、韭菜等直播时，或播种育苗时	不能使用
甲草胺	黄瓜、韭菜、菠菜	不能使用
乙草胺	黄瓜等瓜类、韭菜、菠菜	慎用
异丙甲草胺	瓜类及茄果类	
	西芹、芫荽	

表 2-3　A 级绿色食品生产中禁用的农药

农药种类	农药名称	禁用原因
有机砷杀虫剂	砷酸钙、砷酸铅	高毒
有机砷杀菌剂	甲基砷酸锌、甲基砷酸铁铵、福美甲胂、福美胂	高残留
有机锡杀菌剂	三苯基醋酸锡、三苯基氯化锡、毒菌锡、氯化锡	高残留
有机汞杀菌剂	氯化乙基汞（西力生）、醋酸苯汞（赛力散）	剧毒、高残留
有机杂环类	敌枯双	致畸
氟制剂	氟化钙、氟化钠、氟乙酸钠、氟乙酸铵、氟铝酸钠、氟硅酸钠	剧毒、高残留、易药害
有机氯杀虫剂	DDT、六六六、林丹、艾氏剂、狄氏剂	高残留
有机氯杀螨剂	三氯杀螨醇	工业品中含 DDT
卤代烷类杀虫剂	二溴乙烷、二溴氯丙烷	致癌、致畸
有机磷杀虫剂	甲拌磷、乙拌磷、久效磷、对硫磷、甲基对硫磷、甲胺磷、氧化乐果、治螟磷、蝇毒磷、水胺硫磷、磷胺、内吸磷	高毒
氨基甲酸酯杀虫剂	克百威、涕灭威、灭多威	高毒
二甲基甲脒杀虫剂	杀虫脒	致癌
取代苯类杀虫、杀菌剂	五氯硝基苯、五氯苯甲醇	致癌
二苯类除草剂	除草醚、草枯醚	慢性毒性

2019 年，农业农村部农药管理司发布《禁限用农药名录》（以下简称《名录》）显示，禁止（停止）使用的农药已达 46 种，在部分范围禁止使用的农药有 20 种。

《农药管理条例》规定，农药生产应取得农药登记证和生产许可证，农药经营应取得经营许可证，农药使用应按照标签规定的使用范围、安全间隔期用药，不得超范围用药。剧毒、高毒农药不得用于防治卫生害虫，不得用于蔬菜、瓜果、茶叶、菌类、中草药材的生产，不得用于水生植物的病虫害防治。

根据发布的《名录》禁止（停止）使用的46种农药包括：六六六、滴滴涕、毒杀芬、二溴氯丙烷、杀虫脒、二溴乙烷、除草醚、艾氏剂、狄氏剂、汞制剂、砷类、铅类、敌枯双、氟乙酰胺、甘氟、毒鼠强、氟乙酸钠、毒鼠硅、甲胺磷、对硫磷、甲基对硫磷、久效磷、磷胺、苯线磷、地虫硫磷、甲基硫环磷、磷化钙、磷化镁、磷化锌、硫线磷、蝇毒磷、治螟磷、特丁硫磷、氯磺隆、胺苯磺隆、甲磺隆、福美胂、福美甲胂、三氯杀螨醇、林丹、硫丹、溴甲烷、氟虫胺、杀扑磷、百草枯、2，4-滴丁酯。其中，氟虫胺自2020年1月1日起禁止使用；百草枯可溶胶剂自2020年9月26日起禁止使用；2，4-滴丁酯自2023年1月29日起禁止使用；溴甲烷可用于"检疫熏蒸处理"；杀扑磷已无制剂登记。

另外，部分范围禁止使用的20种农药包括：禁止在蔬菜、瓜果、茶叶、菌类、中草药材上使用，禁止用于防治卫生害虫，禁止用于水生植物的病虫害防治的甲拌磷、甲基异柳磷、克百威、水胺硫磷、氧乐果、灭多威、涕灭威、灭线磷等。禁止在甘蔗作物上使用的甲拌磷、甲基异柳磷、克百威等。禁止在蔬菜、瓜果、茶叶、中草药材上使用的内吸磷、硫环磷、氯唑磷等。禁止在蔬菜、瓜果、茶叶、菌类和中草药材上使用的乙酰甲胺磷、丁硫克百威、乐果。禁止在蔬菜上使用的毒死蜱、三唑磷等。以及禁止在花生上使用的丁酰肼（比久）、禁止在茶叶上使用的氰戊菊酯、禁止在所有农作物上使用（玉米等部分旱田种子包衣除外）的氟虫腈和禁止在水稻上使用的氟苯虫酰胺。

第二节 植物杀虫（菌）剂

一、鱼藤

鱼藤属于豆科多年生藤本植物，杀虫有效成分主要在根部。其中，杀虫效力最高的是鱼藤酮，鱼藤酮对人畜毒性中等，对鱼、猪剧毒，对作物无药害。鱼藤酮对害虫有强的胃毒和触杀作用，能使害虫呼吸减弱，心脏跳动缓慢、逐渐死亡。

1. 防治对象

主要用于蔬菜、果树、茶、桑、烟草等作物上防治蚜虫、菜青虫、茶毛虫、桑蟥、茶尺蠖等害虫。

2. 制作与使用

鱼藤粉剂。先将鱼藤根切成薄片，经 50℃ 左右干燥，磨成细粉，通过 150 目筛，制成粉剂，即可使用。亩用鱼藤粉 1～1.5 kg，拌细土或草木灰 8～10 kg，在清晨露水未干时扬撒，可有效地防治蔬菜和烟草害虫。

鱼藤悬浮液。鱼藤粉 1 kg，如果防治蚜虫，加水 300～500 L；如果防治菜青虫、茶毛虫、茶尺蠖、桑蟥等加水 200～300 L。调制时，将鱼藤粉装入布袋内，浸入水中，慢慢揉搓，然后将药粉渣也倒入水中，加入适量洗衣粉或肥皂（为水量的 0.1%～0.3%），搅匀，即可使用。浸泡用水不可加热也不可用热水。

注意事项：鱼藤整条根存放于干燥处，数年也不会失效。但磨成细粉后容易分解，必须存放阴凉干燥的地方。配成的药液需及时使用。不可与碱性用药混用。

二、烟草

烟碱是速效性杀虫剂，无残迹。烟碱的杀虫范围广，主要用于果树、茶树、蔬菜作物上蚜虫、甘蓝夜蛾、蓟马、蜡象、叶跳虫、菜青虫、潜叶蝇、潜叶蛾等害虫的防治，也可用于稻田防治螟虫、叶蝉、飞虱、潜叶蝇等。使用方法如下。

1. 粉用

用卷烟厂的烟草粉末及烟草飞尘直接喷粉或用烟草粉 1 kg 加细土 3～6 kg 混合后喷粉；或每亩用烟草粉 10～15 kg，加细土 10 kg，混匀后撒施，可防治黄条跳甲、稻飞虱、蟛椿象等蔬菜和水稻害虫。

2. 液用

采用喷洒烟草石灰水、烟草肥皂水、直接喷洒烟草水等方法，防治蚜虫、蓟马、蟛象及多种蔬菜害虫。

烟草石灰水配置方法。烟叶 1 kg，生石灰 0.5～1 kg，水 60 kg。先用 10 kg 开水浸泡 1 kg 烟叶，放在盆里加盖，等水不烫手时，用力揉搓泡在水里的烟叶，然后捞出，再放入另外 10 kg 清水中继续揉搓，直到再揉搓不出较浓的汁液为止。将两次揉浸的烟叶水混合，另取生石灰 0.5～1 kg，加水 10 kg，配成石灰乳，用粗布滤去渣滓。在喷洒前，将烟叶水和石灰乳混合，加水到 60 kg，搅拌均匀，即可喷用。

烟草肥皂水的配制方法。将肥皂 50 g 用热水化开，倒入用上述方法取得的 20 g 烟草水中，再兑水 20～30 kg，搅拌即成。

烟草水的配制方法。将烟叶 1 kg 撕碎，按上述方法揉浸烟叶水，并换水 4 次，即 1 kg 烟叶揉浸出 40 kg 烟叶水，将 4 次揉浸出的烟叶水立即混合，过滤后即可使用。40% 硫酸烟碱一般用 800～1 000 倍稀释液喷雾，可防治蓟马、红蜘蛛、叶蝉、食心虫、卷蛾、桃卷叶虫、蟛象、苹果棉蚜、柑橘潜叶蛾、蚜虫等。500 倍稀释液可杀死桃小食心虫卵。如加入 0.3% 的肥皂，可增加杀虫效力。

3. 插烟秆

用晒干的烟秆斜切成长约 5 cm 的小段，在稻田螟卵盛孵期前一星期，在靠近稻丛根部斜插入稻根泥内 3.3 cm 深左右，每亩一般用 20~40 kg，插秆期间，田水保持 3.3~7 cm 深，可以防止水稻苗期三化螟的危害。

三、艾蒿

取艾蒿鲜草 5 kg，加水 50 kg 煮半小时。冷却过滤后喷雾，可杀灭棉蚜、棉红蜘蛛、菜青虫等软体害虫，防治效果在 70% 以上。同属的青蒿、牡蒿、黄花蒿和茵陈蒿也有防治农作物害虫的功效。

四、半夏

取新鲜半夏 5 kg 切碎捣烂，加水 50 kg 浸泡成液，用于防治蚜虫、菜青虫、桑螵、棉红蜘蛛等。取全草之干粉点蔸药杀水稻螟虫，防治效果在 80% 以上。

五、柏树叶

取柏树叶 5 kg 切碎捣烂，加水 75 kg 浸泡 3 h 以上，然后过滤去渣。用此液防治水稻稻瘟病，效果很好。

六、山苍子油

取 85% 的山苍子油 50 g，加水 50 kg 防治稻瘟病，其效果与 40% 瘟散 1 000 倍液相似；以此液防治稻曲病，防治效果可达 80% 左右。

七、蓖麻

（1）将蓖麻叶、茎秆晒干碾成末，按 5% 的比例拌入土杂肥内，随播种施用，每亩用粉末 3 kg 左右，可有效地防治蛴螬、蝼蛄、地老虎等地下害虫。

（2）取蓖麻叶 1 kg 加水 10 kg，煮沸后放凉，过滤，取滤液喷施，可杀灭菜青虫、金龟子等害虫。

（3）将蓖麻叶 10 kg 捣碎，加水 30 kg，过滤后喷雾，可防治红薯金花虫、水稻螟虫、蚜虫等。

（4）取鲜蓖麻叶、嫩茎秆捣烂，按 1∶10 加水煮沸，冷却后过滤，用滤液均匀喷在菇床上，可有效地防治跳虫、菌蛆等菇类害虫，无毒无污染，出菇前后均可使用。

（5）把蓖麻叶捣烂，挤出汁液，兑水 10 倍，喷洒粪坑，可将大量蝇蛆杀死；蓖麻叶汁兑水喷洒在污水沟或畜圈内，还可以有效地杀死蚊子的幼虫——孑孓。

（6）把蓖麻种子 500 g 捣碎，加水 500 g 调匀，另外用少量水把肥皂 50 g 化开，慢慢加入蓖麻子水中。边加边搅调匀后，加水 50~75 kg，可防治金龟子和各种蚜虫。

（7）蓖麻子榨油后所得的残渣，500 g 加水 2.5 kg，在加肥皂 50 g 制成乳剂，可治金龟子和蚜虫。

八、辣椒

取辣性强的朝天椒 1 kg 切碎捣烂，再按 1 kg 辣椒加 12 kg 水的比例放入锅内煮开，半小时后过滤去渣，约得 10 kg 水剂，在傍晚或早晨露水干后喷雾，可防治水稻纹枯病、稻飞虱、番薯瘟以及其他蔬菜病虫害。用朝天椒的干粉 200 g 左右加水 50 kg 喷雾，防治水稻黏虫效果可达 88% 以上。

九、银杏液

将银杏外种皮捣碎，每 500 g 加水 10 kg，浸泡 2~3 天，滤液可杀蚜虫、菜青虫、稻螟虫。鲜叶加 10 倍水，煮半小时，滤液有同样功效。

十、臭椿叶

用臭椿叶 20 kg，生石灰 10 kg，水 100 kg，浸泡 3~4 天后，将浸液喷在 1 亩稻田中，可杀死初孵化的蚁螟。枝叶 500 g，加水 5 kg，煮 1 h，滤液可杀灭蚜虫。

十一、夹竹桃茎叶

茎、叶切碎，每 500 g 加水煮半小时，滤液可以防治蚜虫、稻飞虱、浮尘子、蛆虫等。

十二、马桑叶果

马桑鲜叶、果实捣碎，500 g 加水 4 kg，浸 2~3 天后滤液可防治蚜虫、红蜘蛛等。

十三、柑橘籽浸出液

实验证明，凡是采用柑橘籽浸出液处理过的作物种子或幼苗，蚜、蛾、蚁等几大类害虫都表现出强烈拒食性。有的害虫误食柑橘籽浸出液处理过的作物种子或幼苗，会出现明显的生理障碍，表现出发育畸形，甚至丧失生育能力。经在水稻、棉花、蔬菜等作物上使用，均有显著效益。其药液配制和使用方法是：柑橘籽与水按 1:5 的比例用净水浸泡 3~5 天，然后将种子或幼苗（移植前）放置在浸出液中浸泡 5~10 min 即可。

十四、橘皮水

柑橘皮加水在容器内密封浸泡 24 h 后，取出柑橘皮，柑橘皮水溶液即可喷雾。一般每千克水用 20 个柑橘皮，防治果树、蔬菜上的蚜虫，效果可达 80% 以上。浓度越高，防效越好。

十五、石蒜

石蒜的主要杀虫成分是石蒜碱。石蒜对菜青虫、蚜虫、地老虎均有很好的防治效果。方法一是取干净鲜石蒜 500 g 捣碎加水 5 kg 浸 3~4 天，然后去杂质喷洒；二是将石蒜晒干，研成粉末喷洒，效果亦佳。

十六、葱头

取洋葱鳞片 200 g，浸渍于 10 kg 温水中，泡 4~5 天，过滤，喷洒果树。每隔 5 天 1 次，能防红蜘蛛和蚜虫，葱头和小麦或豌豆套种，可防治黑粉病。

十七、苍耳

将苍耳茎叶切碎晒干，磨成细粉，与人粪尿拌匀，作基肥，或施入土中，可治蝼蛄、金（钟）针虫等地下害虫，用量每亩 1.5~2 kg。

十八、马铃薯

用 1.2 kg 无病害的新鲜茎叶或 600~800 g 干茎叶，在水中浸 3~4 h，过滤后喷洒，可防治蚜虫和红蜘蛛。

十九、海带

海带具有吸收水分、抑制霉菌、杀死害虫之功能，据试验，将干海带放入粮仓中 7 天可吸收粮食 3% 水分，能减少 60%~90% 的粉螨和蛾类。使用方法每 50 kg 粮食放 500 g 干海带。

二十、桃叶

取叶 1 kg，加水 6 kg，煮 30 min 去渣。喷洒该液可防治蚜虫、尺蠖以及其他软体害虫。桃叶还具有防治地下害虫之功能。将桃叶切碎、晒干、研成粉末施入土中，可防治蝼蛄等地下害虫。

二十一、大蒜汁液

取大蒜 1 kg，清水 1 kg，先将大蒜捣碎，然后放入清水中，充分搅拌即成浓液。用时滤去蒜渣，取汁液加水 50 kg，随配随用，叶面喷雾，可有效地防治蚜虫。

用大蒜 500 g 捣碎，加水 5 kg，搅拌后过滤取汁喷洒或灌根，能抑制土豆腐烂病、小麦锈病、棉花立枯病、稻瘟病等。

二十二、番茄

（1）取番茄茎叶 1 kg，加水 4 kg，煎熬成 2 kg 的原液，再加水 5 kg 喷洒，可防治蚜虫等害虫。

（2）取番茄茎叶 1 kg，加水 3 kg，捣碎取汁拌饵料，以防治蝼蛄。

（3）将番茄茎叶加少量的清水捣烂后，榨取汁液，以 3 份原液，加 2 份水，再加少量肥皂液，搅拌均匀喷洒，可以防治蚜虫、红蜘蛛、甲虫等。

（4）将番茄叶 1 kg 捣烂，加水 5 kg，可杀孑孓、蝇蛆等。

二十三、苦楝

（1）取鲜苦楝叶 1 份，捣碎加水 10 份，煮 1 h 过滤去渣，即可使用。防治幼龄松毛虫幼虫，效果达 80%以上。

（2）取苦楝叶 1 份加水 2 份，煮约 1 h，剩至 1/3 的药液时，冷却过滤，加肥皂 1%，煤油 2%即成母液。使用时，取母液 1 份加水 50 份，防治三四龄松毛虫幼虫，效能达 80%～90%。

（3）将苦楝叶晒至半干，切碎，每 500 g 加水 6 kg，煮 50 min 过滤去渣即成。使用时放入 3‰肥皂，再加水 1 倍，防治油茶毒蛾幼虫，效果非常好。

（4）将苦楝果实每 500 g 加水 7.5 kg，煮 1 h 去渣，即成母液，500 g 母液加水 1～1.5 kg，可以防治松毛虫、金龟子、蝼蛄、地老虎等害虫。

（5）将苦楝叶晒干，碾成细粉施入土内，防治蛴螬、金针虫等，效果良好。

二十四、桐树

（1）将油桐老叶切碎，每 500 g 加水 1.5~2.5 kg，浸半天到一天，可以防治蚜虫。

（2）油桐果皮，每 500 g 浸水 5 kg，能防治蚜虫、桑螟等害虫。

（3）桐叶 500 g 切碎，用水 4~5 kg，浸泡 3~5 天，浇灌苗圃可防治地下害虫。

二十五、黄荆

（1）将黄荆叶晒干后，切碎，每 500 g 加水 6 kg 煮 1 h，去渣即成母液。母液 500 g 加水 5 kg，并放入少许肥皂作润滑剂，防治油茶毒蛾幼虫，效果可达 90%。

（2）将叶切碎，放入坑内，每 500 g 加水 2.5 kg，浸泡 4~5 天，浇灌苗圃，可防治地下害虫。

二十六、油茶枯

（1）将油茶枯饼打碎，每 500 g 加水 12.5 kg，煮半小时后，过滤去渣。防治油茶毒蛾幼虫，效果达 80%。

（2）将油茶枯饼打碎，洒在树根下，可驱除大白蚁；在中午地热时施入苗床内可杀死蚂蚁。

（3）油茶枯饼 5 kg，加清水 75 kg 煮沸后，过滤去渣，灌到蝼蛄洞内，不到半分钟，蝼蛄即跑出洞外，可进行人工扑杀，效果很好。

（4）将油茶枯饼打碎、掺水（水超过油茶枯饼 3 cm）后，均匀搅拌，加火煮沸，用时兑适量水淋洒到苗床上，可防治地老虎。

（5）用 4~5 kg 油茶枯饼的浸出液，加水 50~80 L 水喷雾，可防治绿萍上的害虫和其他作物上的蚜虫、蜗牛。

（6）油茶枯饼浸出液与柴油、化学农药配成混合乳剂使用，可提高化学杀虫剂的药效。

二十七、苦参

苦参，又称柴苦参、地槐、山槐子，可以防治害虫。

（1）将苦参 500 g 切碎捣烂，加水 5 kg，浸渍 1~2 天，滤去渣滓，防治二三龄松毛虫幼虫，效果达 70%。

（2）将新鲜苦参茎、叶切碎，每 500 g 加水 3 kg，熬 1~2 h，成为酱油色（约得药液 2 kg），过滤去渣，每 500 g 原液加水 1.5~2.5 kg，防治二三龄杨树天社蛾幼虫，效果达 90% 以上。

（3）用切碎的苦参根 1 份，加水 4 份，煮 2 h 左右，过滤去渣，即成母液，加 10 倍水喷洒。防治漆树金花虫，效率达 90%。药液如不能密封，应在 24 h 内用完。

（4）苦参 500 g，加水 1.5 kg，煮 1 h 后，过滤去渣，可治桑螟、蚜虫及果树害虫。

（5）将苦参 12.5 kg 切碎，加水 22.5 kg，煮沸 20~30 min 过滤，另用肥皂 500 g 切碎，加水 5 kg 煮溶后，将此 2 种溶液混合，即成原液。使用时每 50 kg 加煤油 125 g，可防治金龟子、蝼蛄、地老虎，效果达 90% 以上。

（6）将苦参根、茎切碎，晒干，碾成细粉。拌种或施入土内，可防治蛴螬、蝼蛄等害虫。每亩用药 2.5 kg。

二十八、巴豆

（1）用巴豆种子 1 份，捣碎，加水 5 份浸 24 h，加肥皂半份，即成母液。使用时，加水 30 倍，防治四龄松毛虫幼虫，效果达 80%。

（2）将巴豆种子锤碎，500 g 加水 10~15 kg，用小火煮 2~3 h 后，过滤去渣，加切碎的肥皂 100~150 g，即成母液，用时取母液加水 2~4 倍，防治油茶毒蛾幼虫及蚜虫效果很好。

（3）巴豆 7 份，碱块（碳酸钠）2~3 份，肥皂 3~4 份，水

100份，先将巴豆磨成细粉，加热碱水浸泡半小时，过滤后加肥皂，即可使用。防治桑螟极有效。

二十九、无患子

无患子，又名油患子，可以治虫。

（1）取油患子果皮2份加水10份，揉浸一昼夜后，过滤去渣，取5份水浸液，加植物油1份，猛力搅拌，制成原液。同时加水20~30份喷洒，可防治介壳虫、蚜虫及各种软体害虫。

（2）油患子果皮500 g加水5 kg煮沸，再加石灰500 g、水2.5 kg，过滤去渣，即得原液。每500 g原液加水5~10 kg，可防治各种常见害虫。

三十、乌桕

乌桕，别名桊子，可以治虫。

将鲜桊子叶捣烂，每500 g加水2.5 kg，摇匀过滤，即可使用，对防治蚜虫、金花虫、幼虫等有效。

三十一、除虫菊

多年生草本，其花中含有除虫菊素。夏秋间采摘初绽的花朵，阴干后磨粉。使用时，每500 g除虫菊粉加水100 kg，酌加肥皂液搅匀喷洒，对蚜虫、金花虫、浮尘子、菜青虫等都有防治效果。

三十二、打破碗花花

打破碗花花又叫野芍药，多年生草本，野生于丘陵和低山草坡或沟边。根部含白头翁素，全株入药都有杀虫效果，新鲜的更好。每500 g鲜草加水5 kg，煮半小时过滤，滤液对蚜虫、红蜘蛛等有较好防治效果，杀虫率达95%。水液喷洒对小麦叶锈病孢子、马铃薯晚疫病孢子有抑制作用。

三十三、大戟

大戟为一年生草本，茎折断由白色乳汁溢出。野生于山坡、路旁或农田荒地上。全草含大戟树脂、生物碱和其他有毒物质。将鲜草捣碎加 20 倍水煮沸，滤液喷洒对蚜虫、菜青虫、小麦吸浆虫、黏虫等有较强的杀灭作用。

三十四、曼陀罗

曼陀罗为一年生草本，野生于山坡、路旁、荒田中。全草含东莨菪碱、莨菪碱、阿托品等。鲜果每 500 g 加水 5 kg 煮沸，滤液对稻螟虫、蚜虫、红蜘蛛和多种病菌孢子都有较好防治效果，一般在 80% 以上。同属的紫花曼陀罗、毛曼陀罗和白花曼陀罗的全草亦有上述杀虫效果。

三十五、马尾松、辣蓼

每亩用马尾松叶 5 kg，辣蓼 10 kg，捣烂后加水 50 kg，煮沸去渣，再加水 50 kg，喷施。防治水稻三化螟效果很好。

三十六、大葱

取新鲜大葱 1 kg 捣烂成泥，加水 6.4 kg，取其滤液喷雾，对蔬菜上的蚜虫和红蜘蛛、菜青虫有良好的防治效果。

三十七、洋葱

取洋葱鲜茎 20 g 捣烂后，加水 1 kg，浸泡一昼夜，取其滤液喷洒，对蔬菜上的蚜虫、红蜘蛛有较好的防治效果。

三十八、丝瓜

取新鲜丝瓜 1 kg 捣烂，加水 20 kg 浸泡 3~4 h，取其滤液喷洒，可有效防治蔬菜的菜螟虫、红蜘蛛、蚜虫、菜青虫等害虫。

三十九、韭菜

取新鲜韭菜 1 kg，捣烂加水 450 g，浸泡 2~3 h，取其滤液喷洒，可有效防治蔬菜上的蚜虫。

四十、番茄叶

把番茄叶捣成浆，加清水 2~3 倍，并浸泡 5~6 h，取其上清液喷雾，可防治红蜘蛛等害虫。

四十一、小檗碱

小檗碱属于异喹啉类生物碱，对真菌性病害有显著的防治效果，主要是通过渗透作用，干扰病原体的代谢，而起到抑制生长和繁殖的作用；对细菌性病害也有一定的防效，可以破坏细菌表面结构，导致细胞内钙离子和钾离子外流，造成细菌内环境破坏，从而导致细菌生长被抑制。

小檗碱主要登记作物病害有猕猴桃褐斑病、番茄灰霉病、辣椒疫霉病等。

四十二、香芹酚

香芹酚是一种绿色杀菌剂，能防治蔬菜和果树中的灰霉病，安全性好，无抗药性，并与多种植物源有效成分具有协同增效作用，是符合绿色农药生产标准的植物源活性成分。具体作用机理未见报道。

主要登记作物病害有番茄灰霉病、猕猴桃灰霉病、枸杞白粉病、马铃薯晚疫病等。

四十三、大蒜素

大蒜素是成都新朝阳的专利植物源杀菌剂，主要防治细菌性病害，能够通过脂质氧化等作用改变病菌细胞膜特性，通过分子中的氧原子与细菌生长繁殖所必需的半胱氨酸分子中的巯基相结合，对菌体巯基酶形成竞争性抑制或使巯基酶失活，从而达到抑制细菌生长和繁殖的作用。

大蒜素主要登记作物病害有甘蓝软腐病、黄瓜细菌性角斑病，对猕猴桃溃疡病、柑橘溃疡病等也具有较好的防效。

四十四、氨基寡糖素

氨基寡糖素也称为农业专用壳寡糖，可改变土壤微生物区系，促进有益微生物的生长而抑制一些植物病原菌。

同时，壳寡糖对多种植物病原菌具有一定的直接抑制作用，通过影响真菌孢子萌发，诱发菌丝形态发生变异、孢内生化发生改变等；壳寡糖还可诱导植物的抗病性，激发植物体内基因，产生具有抗病作用的几丁酶、葡聚糖酶、植保素及 PR 蛋白等，对多种真菌、细菌和病毒产生免疫和杀灭作用。

氨基寡糖素主要登记作物病害有烟草病毒病、番茄病毒病、番茄晚疫病、棉花黄萎病、水稻稻瘟病等；并能活化细胞，刺激植物生长，有助于受害植株的恢复，促根壮苗，使农作物和水果蔬菜增产丰收。

植物杀虫（菌）剂还有印楝素、蛇麻素、苦皮藤素、藜芦碱、菇类蛋白多糖等。

第三节　无机杀虫（菌）剂

一、松脂合剂

松脂合剂使用松香和烧碱（苛性钠）加热熬煮而成的黑褐色液体，其主要成分是松脂肥皂和游离碱，松脂合剂能腐蚀蚧类的蜡壳，防治各种蚧虫，效果良好，对控制柑橘、茶树等作物的煤烟病也有很好的作用。

配制松脂合剂的原料用量是：松香 1.5 kg，烧碱（或石碱）1 kg，加水 5 kg，配时先把水放入锅中煮沸，然后慢慢地把碱加入水中，边加边搅，使碱完全溶解，最后把已研成粉的松香慢慢撒入锅里，边撒边拌，再用大火烧煮至液体变成黑色为止。在熬煮过程中，挥发掉的水分要随时用热水填补至原量。熬后将液体倒出，用湿纱布过滤，其过滤液即为松脂合剂的原液。

熬制好的松脂合剂，因所用松香品质的差异，质量也有不同，根据各地实际经验，已用石碱配置老松香（即用含油松脂晒干成黄色的不透明块状）较好。用脱脂松香（即油松脂经蒸馏后的黄色透明块状物）容易产生絮状沉淀；如果含松节油高的新松香（即含油松脂晾干而成），则要稍多加一些石碱。

松脂合剂原液稀释 10～15 倍后，就可以有效地防治介壳虫，在使用过程中要注意：一是防止药害，因为松脂合剂中有较高含量的游离碱，容易对作物产生药害，特别在高温干燥条件下更要注意。二是在茶树的生长季节不宜使用松脂合剂，以免影响茶叶品质。冬季则可用 10～15 倍稀释液来防治茶园各种蚧类，稀释时，先用少量温水，再加冷水，并不断搅拌，以免松香凝固产生药害。

由于松脂合剂碱性很强，故不可与其他药剂混用，喷过松脂合剂的作物，至少应间隔 15～20 天后方可再喷其他药剂。

二、石硫合剂

石硫合剂，也叫石灰硫黄合剂。它是用石灰和硫黄粉加水熬制而成的红棕色透明液体，有臭鸡蛋味，呈强碱性。对昆虫表皮蜡层及螨卵有侵蚀作用，可用于防治果树等作物上的螨类、介壳虫等，还可用于防治各种作物的白粉病。

1. 熬制方法

用一份石灰水、两份硫黄粉，加 10 倍清水，但要用优质状石灰（切忌用灰面）和细硫黄粉末。先将称好的水倒入生铁锅内，记下水面标记，烧开后，取出一半倒入缸中消解石灰块，并充分搅拌为石灰乳，再将称好的硫黄粉倒入锅内剩余的水中，充分搅拌，烧开后再将石灰乳徐徐倒入锅内，边倒边搅拌，并加足火力，待药液颜色由黄变绿再变成棕色时，将药液迅速倒入缸内（切忌倒入金属容器中），整个熬制过程中要不断搅拌，并且在停火前 15 min 加足蒸发去的水分，按这一方法熬制的原液浓度一般都在 25 波美度左右。

2. 原液浓度测定

熬制好的原液浓度用波美度表示，可用波美度比重计测得，如没有这种比重计，可按下述方法确定。

取一个干净透明的玻璃瓶，先称出它的重量，然后装满清水称重记下，并在水平面处划一横线以示水位；倒去清水甩干，再装上熬好的石硫合剂原液至标线处，称重记下；将称得的重量减去空瓶和水的重量所得的差数，乘以 115，得数即为石硫合剂原液浓度，用公式表示：

石硫合剂原液浓度 =（瓶和石硫合剂重–瓶和水重）×115

3. 原液稀释方法

稀释药液计算加水重量，可利用下列公式：

$$需要加水的重量 = \frac{原液浓度 - 需要浓度}{需要浓度} \times 原液重量$$

4. 防治对象及使用方法

防治麦类锈病、赤霉病、白粉病，棉花、茄子、南瓜和西瓜红蜘蛛，用 0.3~0.5 波美度的石硫合剂。黄瓜甜瓜白粉病和红蜘蛛，用 0.2~0.3 波美度石硫合剂。谷子锈病和花生黑斑病、褐斑病，用 0.4~0.5 波美度石硫合剂。山楂红蜘蛛、苹果红蜘蛛、苹果花腐病和苹果锈病，用 0.3~0.5 波美度石硫合剂。对山楂红蜘蛛用 0.05 波美度即有良好防治效果。早春果树芽前使用 0.2~0.5 波美度，芽后不要超过 0.5 波美度。葡萄毛毡病、白粉病，一般用 0.2 波美度石硫合剂，不能超过 0.3 波美度。

5. 注意事项

石硫合剂一般要求现熬现用，若贮存原液，可在原液上加注一层煤油，隔绝空气，放在缸或坛中保存。不能用金属容器保存。测定原液浓度时（波美度），一定要在药液冷却后进行，否则不准确；使用时要注意石硫合剂含有石灰，具有强碱性这一特点。不要同敌敌畏、代森锌、敌锈钠、矿物质等怕碱和怕石灰药剂混用。如果使用波尔多液和其他含铜剂后，需隔3周再喷石硫合剂；如先使用石硫合剂，后使用波尔多液，应相隔1周，以免产生药害。夏季气温高，应降低使用浓度。

三、波尔多液

波尔多液是用硫酸铜、生石灰和水配置而成的天蓝色的悬浮液，呈碱性，其有效成分为碱式硫酸铜。

1. 标准配比

硫酸铜、生石灰各1份，水100份，按此比例配成的为1%等量式波尔多液。实际应用中还有下列常见的组合方式（表2-4）。

表2-4　常理论波尔多液组合方式

	硫酸铜	生石灰	水
多量式	1	2以上	100
倍量式	1	2	100
半量式	1	0.5	100
少量式	1	0.5以下	100

2. 配置方法

用9/10的水溶解硫酸铜，用1/10的水消化生石灰，消化生石灰时先用极少量的水让它发热化成粉末，然后加水少许搅成浆糊状，最后加入剩下的水配成石灰乳液，并滤去残渣，接着将配好的硫酸铜慢慢倒入石灰乳中，边倒边顺着一个方向用棍棒搅拌，充分拌匀即成波尔多液。另外，也可用一半的水溶解硫酸铜，一般水溶解生石灰，然后将两溶液同时倾入第三容器中，边倒边搅拌，搅匀后即成天蓝色的波尔多液。

但是，配置时要注意以下问题：一是选用的石灰以色白、质轻和呈块状为最好，硫酸铜则以纯蓝色的晶体为佳。二是只能将硫酸铜溶液缓缓地倒入石灰乳中，而不可以反过来把石灰乳倒进硫酸铜溶液里面。三是配制波尔多液的容器最好选用瓷器、陶器或木桶，不要用金属容器来配置，这是因为波尔多液会对金属产生很强的腐蚀作用。四是波尔多液不能配成母液再加水施用。因为那样很难掌握浓度的配比，易产生药害，还容易堵塞喷雾器。

3. 施用方法

波尔多液可防治多种作物病害和果树、蔬菜病害。一般防治绿萍椎石螺，用 0.5∶1∶100 的药液喷雾；防治葡萄炭疽病，用 1∶0.5∶160 的药液喷雾；防治葡萄黑痘病、西瓜炭疽病，用 1∶0.5∶（200~240）的药液喷雾；防治马铃薯晚疫病、花生黑斑病、褐斑病、甜菜褐斑病等，用 1∶1∶100 的药液喷雾；防治茄褐纹病、辣椒炭疽病，用 1∶1∶（160~200）的药液喷雾；防治棉花炭疽病、茎枯病、轮斑病、黄麻茎斑病、细菌性斑点病、红麻霉纹病、菜豆叶烧病、炭疽病，用 1∶1∶200 的药液喷雾；防治水稻霜霉病，用 1∶1∶240 的药液喷雾；防治苹果根腐病，用 1∶（1.5~2）∶160 的药液浇灌根部及周围土壤；防治油菜霜霉病、蚕豆、豌豆锈病、褐斑病、霜霉病、梨黑星病、锈病，用 1∶2∶（200~240）的药液喷雾；防治苹果炭疽病，用 1∶3∶（180~200）的药液喷雾等。

4. 注意事项

（1）波尔多液要在植物发病前或发病初期使用。

（2）随配随用，使用时注意经常搅拌。

（3）天气阴湿时或有露水的早晨及傍晚不宜使用。

（4）梅、李、桃、茼蒿、大豆、小麦等作物上不宜使用。

（5）不能与忌碱药剂混用，也不能与石硫合剂混用。

四、铜皂合剂

硫酸铜和肥皂配合称铜皂合剂，可代替市售农药防治蔬菜的其他农作物的霜霉病。

1. 原料

硫酸铜 1 kg、肥皂 5 kg。

2. 制作方法

把 1 kg 硫酸铜溶化在 10 kg 热水中，另将 5 kg 肥皂切碎放入 150 kg 沸水中溶解，然后将硫酸铜慢慢地倒入 70℃ 的肥皂水中溶解，边倒边搅拌，即成铜皂合剂。

3. 使用方法

使用时将原液煮沸，兑水 4~5 倍喷洒，防治蔬菜苗期叶斑病、黄瓜霜霉病效果很好。

五、棉油泥皂

棉油泥皂是用棉油泥（精致棉籽油的沉淀物），加烧碱熬制成的肥皂。黑褐色，在水中成为乳状液，呈碱性反应。用以防治多种植物上的蚜虫、红蜘蛛，起触杀作用。

1. 熬制方法

棉油泥 100 kg，30 度波美烧碱水 23 kg，水 5~8 L。将油和水放入锅内，徐徐加热，保持 70℃ 左右，最高不超过 80℃，慢慢加入碱水，边加边搅，加完后继续搅拌约 1 h，直到液体稠厚，锅面皂液起黑皮，提起搅棒，皂液沿棒流下形成钩子形或透明的薄膜，表示皂化完成。停止加热，再搅半小时，静置，冷却成固体，切块备用。制成品总量约 105 kg。

2. 使用方法

将棉油泥皂切成片，加热水化开后，加水 40~50 倍，搅匀喷雾。如果与化学农药混用，能改善药液乳化和湿润性能。

六、洗衣粉

用洗衣粉治蚜虫是一种经济、有效、安全的方法。治棉花苗蚜最适宜的稀释倍数为 1 000 倍液，即 50 g 洗衣粉兑水 50 kg，待完全溶解后喷洒 1 亩地，治伏芽因棉棵高大，每亩地需用洗衣粉 75 g，兑水 75 kg。每隔 2~3 天防治 1 次，连续防治 3 次。防治效果为 83%~90%，如喷洒仔细、均匀，效果可达 90% 以上，略低于 40% 氧化乐果 1 000 倍液的效果，和甲胺磷、1605 差不多。但是用洗衣粉投资比氧化乐果、甲胺磷等农药低得多。一般用普通 25 型洗衣粉治虫效果较好，而加酶和有增白剂的洗衣粉效果较差。

洗衣粉不仅能防治棉蚜，对高粱、花生、果树、蔬菜等多种作物上的蚜虫均有较好的防治效果，还能兼治红蜘蛛、介壳虫等。

洗衣粉的有效成分是十二烷基苯磺酸钠，只有触杀的作用，没有内吸和熏蒸作用，打药时要求喷洒均匀细致。洗衣粉对人、畜无毒，对作物无害，试验时用 200 倍液也无药害。使用洗衣粉喷雾，不能与酸性农药、酸性化肥混施，可以和碳铵、尿素混用。

七、小苏打

小苏打的化学名称是碳酸氢钠。它与碳酸氢钾、氢氧化钙、碳酸钠等一样，都属弱碱物质，可以抑制真菌的生长。用 0.2% 的小苏打溶液喷雾，可以防治黄瓜炭疽病、白粉病、豌豆煤霉病和蔬菜白粉病，效果达到 90% 以上。

小苏打之所以能用于防治真菌病害，是因为许多真菌在弱碱（pH 值 8 以上）的环境中难以生存，而它起到抑制病菌分生孢子的发芽和形成，使新生分子孢子失去侵染能力。

小苏打可以食用，是一种十分安全的物质。用它防治蔬菜、瓜果病害，不用担心药害。即使小苏打未完全分解，食用瓜菜也不要紧。因为小苏打分解后生成水和二氧化碳，而二氧化碳是植物进行光合作用所需要的养料，能促进植物生长。因此，用小苏打防治瓜菜病害，一举两得，可大胆采用。

八、高锰酸钾

高锰酸钾消毒剂，其使用方法一般为药液浸种消毒、药液喷施和药液灌根。

1. 种子消毒

用0.1%~0.15%高锰酸钾溶液浸茄科蔬菜种子15~30 min，对病毒病、早疫病、炭疽病、褐斑病等有良好的防效。

2. 防治枯萎病

枯萎病是瓜菜上的一种毁灭性土传真菌病害，目前，尚无特效农药防治，用药防治只能起到辅助作用，但用高锰酸钾防治，效果显著。

（1）防治西瓜枯萎病。西瓜播种前，用500~800倍高锰酸钾溶液喷施畦面消毒，并在西瓜幼苗和甩蔓期用500~800倍液浇注灌根，每次株灌200~250 mL，可将发病株控制在0.5%以下。西瓜枯萎病始期，用500~800倍液灌根，治愈率在85%以上。

（2）防治黄瓜枯萎病。于定植活棵后，以1 000倍液灌根，每次株灌150~200 mL，每隔7天灌1次，共灌2~3次。

（3）防治苦瓜枯萎病。发病初期，以500倍液灌根，每隔7天灌1次，共灌2~3次。

3. 防治白粉病

白粉病为瓜菜上的一种主要病害，可在发病初期喷施500倍液高锰酸钾溶液，每5~6天喷施1次，连喷2~3次。其防治效果与粉锈宁、托布津、多菌灵、武夷霉素等农药的防治效果比较毫不逊色。

4. 防治病毒病

茄科蔬菜（如辣椒、番茄等）发病初期，用800~1 000倍液高锰酸钾溶液，每5~7天喷1次，连喷2~3次，能使发病植株症状消失并逐渐恢复生机。

5. 防治猝倒病、立枯病

以高锰酸钾防治茄果类蔬菜猝倒病、立枯病，其效果均在90%以上，明显优于多菌灵、敌克松等农药。辣椒播种前，用500倍液浸种 10 min 消毒，齐苗后再用 500~600 倍液灌根或喷施畦面，移栽后，发病初期，以 500 倍液灌根；茄子移活棵后，以 800 倍液灌根或喷施。

6. 防治软腐病和霜霉病

软腐病为大白菜、包菜等蔬菜的常见病害，而霜霉病在瓜菜上都有发生。防治可于播种前以 800~1 000 倍高锰酸钾浸种 1~2 h，阴干后播种。在大白菜苗期、莲座期喷施 600~800 倍液，每 5~7天喷 1 次，连喷 2~3 次。其他瓜菜可在生长期发病始期喷施 600~800 倍高锰酸钾溶液。

配制高锰酸钾溶液时，要用清洁水，不能用热水，以免降低其氧化杀菌效果；高锰酸钾遇有机物便还原成褐色的二氧化锰而失去杀菌效力，应随用随配，勿配后久放；器械用过后，及时用清水冲洗干净，以免被氧化蚀损；勿以其他农药混用。

九、尿洗合剂

原料：尿素，洗衣粉。

配法：尿素 0.5 kg，洗衣粉 0.1 kg 兑水 40~50 kg。

使用方法：喷雾。防治蚜虫效果可达 80%~90%。

十、碳酸氢铵（气肥儿）

原料：碳酸氢铵、水。

配法：碳酸氢铵 0.5 kg 兑水 50~75 kg，搅拌均匀使其全部融化即可。

使用方法：喷洒。防治蚜虫效果可达 80%~90%。

十一、石灰与食盐水

原料：石灰、食盐、水。

配法：用 4 kg 水把 1 kg 石灰化开过滤，用 1 kg 温水化开 1 kg 食盐加入石灰水中搅拌即成。

使用方法：每千克原液兑水 40～50 kg 喷洒，防治蚜虫和红蜘蛛效果达 90% 以上。

无机杀虫（菌）剂还有氢氧化铜、氢氧化钙、硫磺、碳酸氢钾、氯化钙、硅藻土、硅酸盐、硫酸铁、沸石、蛭石、珍珠岩、硅酸盐、硫酸铁（3 价铁离子）等。

第四节　有机杀虫（菌）剂

一、草木灰

1. 防治根蛆

大蒜、小葱、韭菜生长阶段成片地枯黄，甚至死苗，这是由于蝇蛆或葱蛆专门在蒜、葱、韭根际繁殖为害。

用草木灰防治菜根蛆效果很好。在种蒜时先开沟，把适量的草木灰集中施于沟里再种蒜，后覆土盖沟。对越冬的蒜、葱、韭菜如行距较宽，也可在根旁两侧开沟，开沟深度以见根为限，然后将草木灰集中均匀的撒于畦面，然后用锄头锄匀锄透，使灰土充分混合均匀。施过草木灰的蒜、葱、韭，基本不会再出现枯黄死苗现象。

2. 防马铃薯虫害

在种马铃薯时，先将马铃薯块蘸以草木灰下种。因为马铃薯害虫蛴螬最怕草木灰。

3. 治蚜虫

每亩用干草灰 10 kg，兑水 50 kg，搅拌匀后浸泡 24 h，取出滤液，浇在种菜的垄上，可防治蔬菜蚜虫、红蜘蛛等。

4. 作地表增温剂

在蔬菜、烟草、甘薯、甜菜等育苗或水稻育秧时，把干净的草木灰做覆盖物撒于苗床或秧田，一般可使土温提高2~3℃，可明显减轻低温造成的烂苗（秧）。

二、水牛尿

1. 防治红蜘蛛

先将50 g纯碱倒入500 g水中，使其溶解成碱水。在将500 g水牛尿倒入碱水中；然后再加4.5 kg水，搅匀后即可喷雾。

2. 防治蚜虫

先将水牛尿腐熟3天，温度在20~25℃时，每500 g兑水4~5 kg喷雾；温度在25℃以上时，每500 g兑水5~7.5 kg喷雾。

3. 防治棉铃虫、红铃虫

将50 g棉油皂溶化后，倒入50 g煤油中搅拌，至不见浮油为止，再倒入5 kg水牛尿中搅匀，然后每500 g母液兑水4~5 kg即可喷雾。

三、醋液

在烟草团棵期，即株高40 cm左右时，喷施5%~7%；旺长期喷施7%~9%；现蕾期喷施7%~9%。每亩一般用醋250 g左右，以15—16时喷施为宜，遇雨时要补喷。喷施时要注意均匀。喷施醋液4~6天后，烟蚜能减少95%左右。醋液对烤烟生长发育也有促进作用，在蔬菜上也有一定效果。

四、"一二三"杀蚜剂

取白酒50 g、柴油100 g、碱面150 g，将白酒、柴油混合后加入碱面即成。使用时，将以上3种混合原料加2 kg水拌匀后在兑水50 kg喷洒。

五、鲜人尿

取新鲜人尿30 kg，加水30 kg，在晴天10时后进行叶面喷雾，灭蚜虫效果可达90%以上。

六、面粉糊和洗衣粉混合液

取面粉100 g用凉水冲化后再加适量开水冲搅，然后加入40 g洗衣粉和10~15 kg清水；或新鲜过滤米汤2.5 kg加洗衣粉40 g、清水10~15 kg喷雾。防治红蜘蛛有很好的效果。

七、铵卤剂

碳酸氢铵和民用卤水各1份混合后，加水10份，待完全溶解后即可喷洒，杀蚜率高达95%左右。

八、羊粪液

鲜羊粪加水20倍浸泡4~5 h，搅拌均匀后过滤，每亩用75 kg滤液喷洒，防治蚜虫有效率可达90%~95%。

九、糖精

大多数菜农习惯用辛硫磷、甲基异柳磷等农药防治地下蛆。这样费用高，用起来不安全。用糖精水溶液防治地下蛆不比农药防治效果差，且安全可靠。其方法是：取3~5小袋糖精，兑水15 kg左右（用量也可自行随意调节），搅拌，待糖精充分溶化后，即可灌根防蛆或喷施。

十、樟脑丸

取一粒樟脑丸（即卫生球）压碎成粉后，掺和10~20倍细土，选晴天或阴天下午投放在地老虎经常发生的蔬菜棵株边，每粒樟脑丸土粉可用于30~50棵（株）；也可用3~4粒樟脑丸溶解在20~

25 kg 水中，在晴天或阴天下午用勺将溶液浇在菜边，每份溶解液可浇 300 棵（株）左右，每 7 ~ 10 天重复 1 次，共 2 ~ 3 次即可见效，对防治地老虎效果极佳。

有机杀虫（菌）剂还有氨基寡糖素、低聚多糖、香菇多糖等。

第五节　生物杀虫（菌）剂

一、以死虫治虫

以往，人们防治害虫时，总是多种农药混用，不仅没有消灭害虫，反而使害虫产生了抗药性，对作物危害更甚。以死虫防治活虫，为人们防治害虫开辟了一条独特有效的新途径。

该法是将一种害虫捕捉后，经捣碎后加水稀释，再喷到被同种害虫为害的作物上，害虫死亡率很高。即从田间捕捉或收捡僵死的菜青虫 100 g，捣烂，加水 20 mL，浸泡 24 h 后，滤出虫液，再兑水 50 kg，并加入洗衣粉 50 g，然后将这种稀释液喷洒在发生同类害虫的蔬菜等作物上（以上数量的药液为 1 亩地用量）。据试验，用这种方法防治菜青虫、地老虎、黏虫、尺蠖等害虫，效果十分理想，害虫死亡率可达 90% 以上。

二、苏云金杆菌

细菌杀虫剂，可用 500 ~ 1 000 倍液防治卷叶虫、尺蠖、毛虫类。

三、白僵菌

真菌性杀虫剂，可用 800 倍液施入土壤防治桃小食心虫。

四、浏阳霉素

经发酵而得抗生素类杀螨剂，可用 1 000 倍液防治红蜘蛛。

五、阿维菌素

抗生素类，可用 5 000 倍液防治螨、蚜、蚧、虱类、食心虫、潜叶蛾等。

六、多氧霉素

也叫宝丽安，多抗霉素，抗生素类杀菌剂，可用 1 200 倍液防治斑点落叶病。

七、农抗 120

放线菌的代谢物，可用 600~800 倍液喷洒，防治白粉病、炭疽病、锈病，也可用 10~20 倍液涂抹或 100 倍液喷干，防治枝干轮纹病、腐烂病。

八、以天敌治虫

能消灭害虫的昆虫统称天敌昆虫，天敌昆虫主要包括寄生性和捕食性两类。其主要种类为赤眼蜂、丽蚜小蜂、草蛉、瓢虫、中华蟑螂、小花蝽、捕食螨等；可控制害虫的蜘蛛和捕食螨等节肢动物也属于天敌昆虫。天敌昆虫与农业害虫之间存在着相互依存、互相制约的关系。使用化学农药防治害虫，既污染环境，还杀死天敌，而在没有或天敌很少的情况下，残余害虫的危害反而更加严重。因而目前世界各国都在寻找绿色、不杀天敌的治虫办法，生物防治、以虫治虫则是最佳的选择。

1. 烟蚜茧蜂

每平方米棚室甜椒或黄瓜，放烟蚜茧蜂寄生的僵蚜，每 4 天 1 次，共放 7 次，放蜂一个半月内，甜椒有蚜率控制在 3%~15%，有效控制期 52 天；黄瓜有蚜率在 0~4%，有效控制期 42 天。

2. 螳螂

螳螂是食肉昆虫，可以灵敏地捕捉苍蝇、甲虫、蛾子、蝗虫等害虫。

3. 瓢虫

大多数瓢虫是蚜虫的天敌，一只成虫一天能吃掉 100~200 头蚜虫。七星瓢虫的幼虫也吃蚜虫，每天可吃掉十几到几十头蚜虫，每亩如果放入 8 000 只瓢虫，可不必喷洒农药。

4. 草蛉

草蛉的幼虫在幼龄期能吃掉 800 多头蚜虫。草蛉除了吃蚜虫以外，还吃红蜘蛛、叶蝉、介壳虫。

5. 寄生蜂

寄生蜂是营寄生生活的蜂。这类小蜂在繁殖后代时，将卵产在其他昆虫的幼虫体内或卵中，或产在蚜虫、介壳虫的成体内，当卵孵化成幼虫后，就过寄生生活，以吸收害虫的营养为主。

（1）金小蜂。金小蜂专门把卵产在为害棉花的红铃虫茧内。小茧蜂也是把卵产在菜青虫的肚子里。

（2）丽蚜小蜂。在菜地释放丽蚜小蜂，此虫寄生在白粉虱的若虫和蛹体内，寄生后，害虫体发黑、死亡。当番茄每株有白粉虱 0.5~1 头时，释放丽蚜小蜂"黑蛹"5 头/株，每隔 10 天放 1 次，连续放蜂 3 次，若虫寄生率达 75% 以上。

（3）赤眼蜂。赤眼蜂是世界各地最广泛利用的寄生蜂。赤眼蜂在螟虫、棉铃虫等许多害虫的卵里产卵，以寄生的方式消灭害虫。我国有 10 多种赤眼蜂。每一种赤眼蜂对生态环境和寄主有一定的喜好性。例如，稻螟赤眼蜂常把卵产在螟蛾的卵里；松毛虫赤眼蜂常寄生在松毛虫卵或柑橘卷叶蛾的卵中。利用赤眼蜂防治玉米螟，在玉米螟产卵高峰期将赤眼蜂虫卵投放到玉米地里，每亩放蜂 8 万头左右，经过 3~4 次放蜂，可以成功控制玉米螟为害，玉米产量提高了 2%~10%，秸秆全部可以利用，亩效益可增加 150 元以上。在蔬菜大棚释放甘蓝夜蛾赤眼蜂、食蚜瘿蚊和丽蚜小蜂，平均寄生率在 85% 以上，可有效防治鳞翅目害虫、温室白粉虱和烟粉虱以及 60 多种蚜虫，并可避免农药污染，维护生物多样性。

（4）蜘蛛。蜘蛛是害虫的重要天敌。农林蜘蛛种类很多，我国稻田蜘蛛有 280 余种，菜地蜘蛛有 70 余种。蜘蛛种类繁多，它们捕食掉 60%～92% 的害虫。

（5）捕食螨。捕食螨喜欢以害螨和害螨卵为食。

九、蔬菜害虫生物防治技术

保护地蔬菜害虫种类多，栽培环境封闭，化学农药降解难度大，污染严重。利用生物防治技术是替代化学农药使用、保障蔬菜质量安全、推进绿色植保的有效途径。

1. 防控目标

保护地蔬菜重要害虫防治处置率 95% 以上，害虫总体防治效果 80% 以上，危害损失率控制在 10% 以内，比常规防治方法减少化学农药使用 50% 以上，可有效保障蔬菜生产及产品安全。

2. 防控策略

针对保护地蔬菜害虫发生特点，采取"实时监测、提前预防、压前控后、多策并举"策略，以健康栽培、物理隔离和生态控制等减少虫源基数技术为基础，以释放天敌昆虫和应用生物农药为主要手段，将害虫控制在经济危害允许水平以下。

3. 适用范围

适用于设施内的温湿度、光照、通风和密闭性控制良好的保护地设施蔬菜害虫防控。

4. 主要生物防治技术

（1）虫源基数控制及健康栽培技术。

清洁棚室：前茬作物采收后及时拉秧清棚，彻底清除残枝、落叶、落果、杂草、裸根等，在棚外集中无害化处理。

土壤消毒：定植前均匀适量撒施土壤消毒剂杀灭病菌，处理后增施有益菌肥。

安装防虫网：在棚室旁设置缓冲间，门口和入口及上、下通风口安装 30 目防虫网，阻断害虫侵入。

棚室消毒：覆盖防虫网后，密闭熏蒸或药剂均匀喷洒墙壁、棚膜、缓冲间 1~2 次，10~15 天后进行播种或移栽。夏季休棚时，利用太阳能进行高温闷棚 15~21 天。

种植功能植物：棚间空地种植芝麻、苜蓿等利于天敌昆虫繁衍的蜜源植物，棚内在通风口前种植芹菜、茴香等对害虫有驱离作用的趋避植物，或选择性间套作豆类等诱集植物进行害虫的集中消灭。

健康栽培：增施有机肥和生物菌肥，移栽未携带病虫的健壮种苗，合理肥水、合理密植和产量负载，地面覆膜控制湿度；施用氨基寡糖类、蛋白质免疫诱抗剂等，提升植株抗病虫能力。

（2）天敌昆虫释放技术。

害虫监测：苗期及定植后，采用色板监测或目测害虫种群发生情况，发现害虫即采用相应防治措施。

防治粉虱类害虫

害虫种类：温室白粉虱、烟粉虱等。

天敌品种：丽蚜小蜂、东亚小花蝽、烟盲蝽、津川钝绥螨等天敌。

释放技术：定植 7~10 天后，加强监测，发现害虫即可释放天敌。丽蚜小蜂按 2 000 头/亩，隔 7~10 天释放 1 次，连续释放 3~5 次；东亚小花蝽按 500 头/亩，隔 7~10 天释放 1 次，连续释放 2~4 次；烟盲蝽在定植前的 15~20 天，按照 0.5~1 头/m² 在苗床释放，释放 1 次；或者定植 15 天后，按照 1~2 头/m² 释放，连续释放 2~3 次，间隔 7 天释放 1 次；叶部撒施津川钝绥螨 100~200 头/m²，每周 1 次，释放 3 次。

防治蓟马类害虫

害虫种类：棕榈蓟马、西花蓟马、葱蓟马、管蓟马等。

天敌品种：小花蝽类天敌、胡瓜新小绥螨、巴氏新小绥螨和剑毛帕厉螨。

释放技术：定植 7~10 天后，加强监测，发现害虫即可释放天敌。小花蝽类天敌按 500 头/亩，隔 7~10 天释放 1 次，连续 2~4 次；根部撒施剑毛帕厉螨 100~200 头/m²，同时叶部撒施巴氏新小绥螨或胡瓜新小绥螨 100~200 头/m²，每 2 周释放 1 次，释放 2~3 次。

防治害螨

害螨种类：朱砂叶螨、截形叶螨、二斑叶螨等。

天敌品种：智利小植绥螨、加州新小绥螨、胡瓜新小绥螨、巴氏新小绥螨。

释放技术：定植 10~15 天后，加强监测，发现害螨即可释放捕食螨。叶部撒施智利小植绥螨 5~10 头/m²，点片发生时中心株释放 30 头/m²，每 2 周释放 1 次，释放 3 次；或叶部撒施加州新小绥螨 300~500 头/m²，每周释放 1 次，释放 3~5 次；或选择巴氏新小绥螨、胡瓜新小绥螨，释放方法同加州新小绥螨。

防治蚜虫类害虫

害虫种类：桃蚜、瓜蚜、豌豆蚜、萝卜蚜。

天敌品种：蚜茧蜂、瓢虫、草蛉、食蚜瘿蚊。

释放技术：定植 7~10 天后，发现害虫即可释放天敌。蚜茧蜂按 2 000~4 000 头/亩，隔 7~10 天释放 1 次，连续释放 3 次；瓢虫（卵）按 2 000 头/亩，隔 7~10 天释放 1 次，连续释放 2~3 次；草蛉（茧）按 300~500 头/亩，隔 7~10 天释放 1 次，连续释放 2~3 次；食蚜瘿蚊按 200~300 头/亩，隔 7~10 天释放 1 次，连续释放 3~4 次。

防治鳞翅目害虫

害虫种类：小菜蛾、甜菜夜蛾、棉铃虫、斜纹夜蛾等。

天敌种类：赤眼蜂类、蠋蝽、半闭弯尾姬蜂。

释放技术：定植 7~10 天后，发现害虫即可释放天敌。赤眼蜂类按 20 000 头/亩，隔 5~7 天释放 1 次，连续释放 3 次；蠋蝽按 50~100 头/亩，或隔 5~7 天释放 1 次，连续释放 1~2 次；半闭弯尾姬蜂按 150~300 头/亩，隔 10~20 天释放 1 次，连续释放 1~3 次。

5. 生物农药防治技术

生物农药防治技术作为天敌昆虫释放技术的补充，当保护地害虫发生量较多、需迅速压低虫口数量以释放天敌，或天敌控制作用不足时使用。使用前需确定生物农药与天敌的兼容性，降低其对天敌的影响。

通常在害虫点片发生或发生初期施药，优选微生物源或植物源杀虫剂、杀螨剂。粉虱类可选用矿物油、球孢白僵菌、藜芦碱等药剂，害螨类可选用矿物油、苦参碱等药剂，蚜虫类可选用除虫菊素、苦参碱、鱼藤酮等药剂，蓟马类可选用多杀霉素、球孢白僵菌、金龟子绿僵菌等药剂，鳞翅目害虫可选用短稳杆菌、苏云金杆菌、印楝素、核型多角体病毒等药剂。

生物杀虫（菌）剂还有：

①真菌类：白僵菌、轮枝菌、木霉菌、耳霉菌、淡紫拟青霉、金龟子绿僵菌、寡雄腐霉菌、春雷霉素、多抗霉素、井冈霉素、宁南霉素、申嗪霉素、中生菌素、多杀霉素等。

②细菌类：苏云金芽胞杆菌、枯草芽胞杆菌、蜡质芽胞杆菌、地衣芽胞杆菌、多黏类芽胞杆菌、荧光假单胞杆菌、短稳杆菌等。

③病毒类：核型多交体病毒、质型多角体病毒、颗粒体病毒等。

第三章 主要蔬菜绿色生产技术

第一节 黄瓜绿色生产技术

一、品种选择

选用抗病、抗逆性强、商品性状好、产量高的品种。露地可选用津优48、津优409;保护地可选用津优35号、津优518、中农26号等。

二、用种量

每亩用种90~125 g。

三、种子处理

种子处理有4种方法,可根据病虫害任选其一。

(1) 50%多菌灵按种子质量的0.3%拌种防治立枯、猝倒病,或选用相应的包衣种子。

(2) 用50%多菌灵500倍液浸种1 h,或用福尔马林300倍液浸种1.5 h,捞出洗净催芽,防治枯萎病、黑星病。

(3) 把干种子置于70℃恒温处理72 h,经检查发芽率后浸种催芽,防治病毒病、细菌性角斑病。

(4) 将种子用55℃的温水浸种10~15 min,并不断搅拌直至水温降到30~35℃,再浸泡3~4 h。将种子反复搓洗,用清水冲净黏液后,晾干再催芽,防治黑星病、炭疽病、病毒病、菌核病。

将处理的种子用湿布包好放在 25~30℃ 的条件下催芽 1~2 天，待种子露白尖时，在把种子放在 0~2℃ 的条件下 1~2 天。

四、育苗床准备

（一）床土配置

用近几年没有种过葫芦科蔬菜的园土 60%，圈肥 30%，腐熟畜禽粪或饼肥 5%，炉灰或沙子 5%，混合均匀后过筛（包括分苗和嫁接苗床用土）。

（二）床上消毒

有 4 种方法，任选其一。

（1）每平方米用福尔马林 30~50 mL，加水 3 L，喷洒床土，用塑料膜密封苗床 5 天，揭膜 15 天后再播种。

（2）用 50% 多菌灵可湿性粉剂与 50% 福美双可湿性粉剂按 1：1 混合，或 25% 甲霜灵可湿性粉剂与 70% 代森锰锌可湿性粉剂按 1：1 混合，按每平方米用药 8~10 g 与 15~30 kg 细土混合，播种时 2/3 铺于苗床，1/3 盖在种子上。

（3）太阳能消毒。在 7—8 月高温休闲季节，将土壤或苗床土壤耕后覆盖地膜 20 多天，利用太阳能晒土高温杀菌的方法灭菌。

（4）太阳能淹水法加添加剂消毒。在 7—8 月高温休闲季节，将苗床或棚室土壤表面按每亩撒施：石灰类 100~150 kg，炉渣 72~96 kg，稻壳炒至黄褐色 10~12 kg，麦糠或切碎的麦秸 250~300 kg，腐熟的有机肥（鸡粪等）1 000 kg，翻地后将地边起垄 0.5m 高。为保温不漏气，整地块覆盖上塑料薄膜，只留下灌水孔，然后向内部土壤灌水，至土壤表面不再渗水为止，一次注水后不再注水，致使温度达到 48℃ 以上，甚至达到 60℃ 以上。持续 15~20 天，能有效地杀死多种病原菌和线虫。

（5）育苗器具消毒。对育苗器具用 300 倍液福尔马林或 0.1% 高锰酸钾溶液喷淋或浸泡消毒。

五、播种

(一) 播种期

日光温室秋冬茬9月上旬至下旬，冬春茬1月上中旬，冬茬9月下旬至10月上旬；大棚春茬2月上旬至下旬，秋延后6月下旬至7月中旬；露地春茬3月下旬至4月上旬；秋茬6月下旬至7月上旬。

在育苗地挖15 cm深苗床，内铺配置床土厚10 cm，浇水渗透后，上铺细土（或药土），按行株距3 cm，上覆药土堆高2 cm，床上覆盖塑料膜。

(二) 容器播种

降15 cm深苗床先浇透水，用直径10 cm、高10 cm的纸筒（塑料薄膜筒或育苗钵），内装配置床土8 cm，上铺细土（或药土），每纸筒内点播一粒种子，浇透水，上覆药土2 cm。

(三) 嫁接苗的播种

用靠接法的黄瓜比南瓜（京欣砧6号或云南黑籽南瓜）早播种3天；用插节法的南瓜比黄瓜早播种3~4天。

六、苗期管理

(一) 温度管理（表3-1）

表3-1　苗期温度管理

时期	适宜日温（℃）	适宜夜温（℃）
播种至出土	28~32	18~20
出土至破心	25~30	16~18
破心至分苗	20~25	14~16
分苗至缓苗	28~30	16~18
缓苗至定植	20~25	12~16

（二） 间苗

及时间掉病虫苗、弱小苗和变异苗。

（三） 分苗

当苗子叶展平有 1 心时，在分苗床按行距 10 cm 开沟、株距 10 cm 坐水栽苗，也可将苗栽在纸筒、塑料薄膜或育苗钵内。

（四） 嫁接

靠接的，当黄瓜第一片真叶展开，南瓜子叶展平时嫁接；插接的，当南瓜和黄瓜均有一片真叶时嫁接，随即按行株距 12 cm 坐水栽在分苗床上。

（五） 分苗后的管理

温室冬春茬、大棚早春茬如温度低可加扣小拱棚保温。缓苗后可挠划一次提高地温。不旱不浇水，显旱时喷水补墒。

嫁接苗应立即覆盖小拱棚，开始 2~3 天棚室要盖花苫遮阴。在接口愈合 7~10 天期间，昼温由 22~28℃，逐步提高到 25~30℃，夜温由 16~18℃ 逐步降到 14~16℃。空气湿度由 90% 逐步降到 65%~70%。接穗长出新叶时，断接穗根，撤掉小拱棚。

（六） 壮苗标准

株高 15 cm 左右，3~4 叶 1 心，子叶完好，节间短粗，叶片浓绿肥后，根系发达，健壮无病，苗龄 35 天左右。

七、定植前准备

（一） 前茬

为非葫芦科蔬菜。

（二） 整地施肥 （一般栽培）

基肥品种以优质有机肥、常用化肥、复混肥等为主：在中等肥力条件下，结合整地，露地栽培每亩施优质有机肥（以优质腐熟猪厩肥为例）5 000 kg，氮肥（N）4 kg（折尿素 8.7 kg），磷肥（P_2O_5）6 kg（折过磷酸钙 50 kg），钾肥（K_2O）2 kg（折硫酸钾 4 kg）；保护地栽培每亩施优质有机肥（以优质腐肥猪厩肥为例）5 000 kg，氮肥（N）4 kg（折尿素 8.7 kg），磷肥（P_2O_5）6 kg（折过磷酸钙 50 kg），钾肥（K_2O）3 kg（折硫酸钾 6 kg）。

（三）棚室有机生态型（无土栽培）

按棚室面积 0.5 亩或 1 亩分别建 $6m^3$ 或 $10m^3$ 的沼气池。用炉渣 1/3+草炭 1/3+废棉籽皮 1/3（或锯末 1/3）混合后每立方米加 20 kg 湿润沼渣，混合均匀后过筛作为无土栽培基质。在棚室内按槽间距 72 cm 用砖砌北高南低向阳栽培槽（或就地挖栽培槽），槽宽 50 cm，深 18 cm。槽底两边高中间稍低呈钝角形，槽内铺 0.1 mm 聚乙烯农用膜，将基质装入草莓配置滴灌系统即可进行无土栽培。

（四）防虫网阻虫

在棚室通风口用 20~30 目尼龙网纱密封，阻止蚜虫迁入。

（五）设银灰膜驱避蚜虫

地面铺银灰色地膜，或将银灰色膜、剪成 10~15 cm 宽的膜条，挂在棚室放风口处。

（六）棚室消毒

每亩棚室用硫黄粉 2~3 kg，加 80% 敌敌畏乳油 0.25 kg，拌上锯末，分堆点燃，然后密闭棚室一昼夜，经放风无味后再定植。或定植前利用太阳能闷棚。

八、定植时间、密度和方法

露地栽培应在晚霜后，棚室栽培夜间最低温度应在 12℃ 以上。按等行距 60~70 cm 或大小行距（80~90）cm ×（50~60）cm，于苗行处作高垄，垄高 10~15 cm，垄上覆地膜，棚室的垄与沟均覆地膜进行膜下灌溉。于垄上按株距 25 cm 挖穴坐水栽苗，每亩栽苗 3 500 ~4 400 株。

九、定植后管理

（一）浇水

定植后浇一次缓苗水，不旱不浇水。摘根瓜后进入结瓜期和盛瓜期需水量增加，要因季节、长势、天气等因素调整浇水间隔时间，每次也要浇小水，并在晴天上午进行；遇寒流或阴雪天不浇水；有条件的可用膜下滴灌；通过放风调节湿度。

（二）追肥

进入结瓜初期结合浇水隔两水追一次肥，结瓜盛期可隔一水追一次肥，开沟追施或穴施，每次追施氮肥（N）2~3 kg（折尿素4.3~6.5 kg）；生长中期追施钾肥（K₂O）4 kg（折硫酸钾8 kg）。

（三）叶面施肥

结瓜盛期用 0.3%~0.5%磷酸二氢钾和 0.5%~1%的尿素溶液叶面施肥 2~3 次。

（四）温湿度管理

棚室冬春黄瓜生产在 8 时温度为 10~12℃，如湿度超过 90%可放小风排湿，然后盖严提温，到温度上升到 30℃ 时，应放风降温排湿，保持相对湿度在 80%以下。当棚室温度达 26℃ 时关风保温，到盖苦时逐步下降到 18℃。达不到要求温度时，苗小时可加盖小拱棚，苗大时加盖天幕；日光温室加盖双苦或保温被，大棚四周可加盖裙苦。连续阴天温度低时要控制放风开门，有沼气的可点燃补温；短时揭花苦补充散光；防治病虫害用烟雾剂或粉尘。天气骤晴时，要及时叶面喷水或加 0.5%的葡萄糖，以免因根吸收滞后造成植株萎蔫。

（五）植株调整管理

当植株高 25 cm 甩蔓时要拉绳绕蔓。根瓜要及时采摘以免赘秧；生长期短的秋冬苦或冬春苦，蔓长到顶部应打尖促生回头瓜；冬季一苦到底的要不断落蔓延长生育期；连阴时间长要将中等以上的瓜摘掉，以保证植株正常生长。

（六）生态控害

当发生霜霉病时，在准备闷棚的前一天，给黄瓜浇一次大水，次日晴天封闭棚室，将温度提高到 45℃，达到 43℃ 时计时，不得超过 46℃，1.5~2.0 h 后放风，使室温下降，摘掉病老枯叶，浇一次水，隔4~5天在闷棚1次。

十、防治病虫害

（一）黄板诱杀白粉虱、美洲斑潜蝇

用100 cm×20 cm的纸板，涂上黄漆，上涂一层机油，每公顷挂450~600块（30~40块/亩），挂在行间，当板沾满白粉虱、美洲斑潜蝇时再重涂一层机油。一般7~10天重涂1次。

（二）药剂防治虫害

黄瓜采摘前7天停止喷药。采摘前3天停止烟雾熏蒸。

1. 蚜虫

（1）烟剂熏蒸，用22%敌敌畏烟剂，每亩用药500 g，傍晚闭棚前点燃，熏蒸一昼夜。

（2）用10%吡虫啉可湿性粉剂1 500倍液，或2.5%三氟氯菊酯乳油4 000倍液，或3%啶虫脒乳油1 000~1 250倍液喷雾。

2. 温室白粉虱

用10%吡虫啉或3%啶虫脒可湿性粉剂1 000~1 500倍液喷雾。

3. 茶黄螨

用1.8%阿维菌素乳油3 000倍液，或10%吡虫啉可湿性粉剂1 000~1 500倍液，或15%哒螨酮乳油1 500倍液喷雾。

4. 美洲斑潜蝇

当每片叶有幼虫5头时，掌握在幼虫2龄前，用1.8%阿维菌素乳油3 000倍液，或5%锐劲特悬浮剂，每亩用17~34 mL，加水50~75 L喷雾。

（三）药剂防治病害

1. 霜霉病

（1）用50%百菌清粉尘剂或5%克露粉尘剂，每亩每次用1 kg，喷粉器喷施。

（2）用45%百菌清烟雾剂，每亩110~180 g，分放5~6处，

傍晚点燃闭棚过夜，7天熏1次，连熏3次。

（3）用72.2%普力克水剂800倍液，或72%克露可湿性粉剂800倍液，或27%高脂膜乳剂70~140倍液，或69%安克锰锌可湿性粉剂500~1 000倍液，或72%克抗灵可湿性粉剂800倍液喷雾。

2. 细菌性角斑病

50%琥胶肥酸铜可湿性粉剂（Dt杀菌剂）400~500倍液，或77%可杀得可湿性粉剂500倍液，或72%农用硫酸链霉素可溶性粉剂4 000倍液，或60%琥乙膦铝（DTM）可湿性粉剂500倍液喷雾，3~5天喷1次，连喷2~3次。

3. 黑星病

用50%多菌灵可湿性粉剂500倍液，或2%武夷菌素（BO-10）200倍液，或70%甲基托布津可湿性粉剂800倍液喷雾。在发病初期每5~7天喷1次，连喷3~5次。

4. 白粉病

（1）用15%粉锈宁可湿性粉剂1 500倍液喷雾，共喷2次，7~14天喷1次。

（2）用27%高脂膜乳剂70~140倍液喷茎叶保护，7~14天喷1次，共喷3~4次。

（3）用小苏打500倍液，3天喷1次，连喷4~5次。

5. 疫病

（1）用72.2%的普力克水剂800倍液喷雾。

（2）用64%杀毒矾M8可湿性剂400~500倍液喷雾，或用100~200倍液涂抹病部。

（3）用72%克抗灵可湿性粉剂800倍液喷雾。

（4）用72%克露可湿性粉剂800倍液喷雾。

6. 枯萎病

（1）用70%甲基托布津可湿性粉剂或50%多菌可湿性粉剂800~1 000倍喷雾。

（2）用50%多菌可湿性粉剂500倍液喷雾。

（3）用 10%双效灵剂 300 倍液灌根，每株灌药 0.25~0.5 kg，10 天左右再灌 1 次，连灌 2~3 次。如在药液中加入生化黄腐酸，防效会明显提高。

7. 蔓枯病

烟熏法：方法同霜霉病。

定植成活后在地面喷洒 75%百菌多菌可湿性粉剂和 70%代森锰锌多菌可湿性粉剂 1∶1 等量混合剂 500 倍液。

用 75%百菌清可湿性粉剂 600 倍液，或 70%代森锰锌可湿性粉剂 500 倍液喷雾，5~7 天喷 1 次，喷 2~3 次。

茎部病斑可用 70%代森锰锌可湿性粉剂 500 倍液涂抹。

8. 灰霉病

（1）保护地优先用粉尘法和熏烟法，露地采取喷雾法。

（2）粉尘法。用 6.5%万霉粉尘剂，每公顷 15 kg（1 kg／亩），喷粉器喷施，7 天喷 1 次，连喷 2~3 天。

（3）烟熏法。方法同霜霉病。

（4）用 50%农利灵可湿性粉剂 1 500 倍液，或 65%甲霉灵可湿性粉剂 800~1 500 倍液喷雾。5~7 天喷 1 次，连喷 2 次。

9. 菌核病

用 50%速克灵可湿性粉剂 1 500 倍液，或 50%扑海因可湿性粉剂 1 000 ~1 500 倍液，或 40%菌核净可湿性粉剂 1 000 倍液，或 60%防霉宝超微粉剂 600 倍液喷雾。

10. 病毒病

（1）治蚜防病。

（2）用 5%菌毒清水剂 400 倍液，或 0.5%抗毒剂 1 号水剂 300 倍液，或 20%毒克星可湿性粉剂 400~500 倍液喷雾。隔 7~10 天喷 1 次，连喷 2~3 次。

11. 根结线虫病

（1）用 1.8%阿维菌素 3 000 倍液灌根，每株 300 mL。

（2）每亩用 10%丙线磷（10%益收丰）颗粒剂 1.25 kg 在植株

旁边扎眼均匀穴施。

（四）其他控害措施

（1）及时清除病虫叶、果和植株，深埋或烧毁。

（2）定植缓苗后喷生化防腐酸生长调节剂，提高黄瓜抗旱、抗寒和抗病能力。

（3）发病前喷无毒高脂膜或京2B植物防病膜剂50倍液，7~10天1次，喷3~4次，可防病增产。

用固体增产菌3号、4号100 g/亩或液体菌剂100 mL/亩，按浸沾根苗所需的水量稀释。将根苗均匀沾上菌液，稍晾干后即可定植。也可用每亩所需水量稀释后于定植成活后喷雾，可增强植株抗病性。

第二节　番茄绿色生产技术

一、品种选择

选用抗病、优质、丰产、耐储运、商品性好、适应市场的品种，且春季栽培选择耐低温弱光、果实发育快的早、中熟品种，夏秋及秋冬栽培选择抗病毒、耐热的中、晚熟品种，如浙粉702、上海合作968等。

二、育苗

（一）育苗设施

根据季节、气候条件的不同选用日光温室、塑料大棚、连栋温室、阳畦、温床等育苗设施，夏秋季育苗还应配有防虫、遮阳设施，有条件的可采用盘育苗和工厂化育苗，并对育苗设施进行消毒处理，创造适合秧苗生长发育的环境条件。

（二）营养土

因地制宜地选用无病虫源的田土、腐熟农家肥、草炭、砻糠灰、复合肥等，按一定比例配置营养土，要求孔隙度约 60%，pH 值为 6~7，速效磷 100 mg/kg 以上，速效钾 100 mg/kg 以上，速效氮 150 mg/kg，疏松、保肥、保水、营养完全。将配置好的营养土均匀铺于播种床上，厚度 10 cm。

（三）播种床

按照种植计划准备足够的播种床。每平方米播种床用福尔马林 30~50 mL，加水 3 L，喷洒床土，用塑料薄膜闷盖 3 天后揭膜，待气味散尽后播种。

（四）温汤浸种

把种子放入 55℃ 热水，维持水温均匀浸泡 15 min。主要防治叶霉病、溃疡病、旱疫病。

（五）磷酸三钠浸种

先用清水浸种 3~4 h，再放入 10% 磷酸三钠溶液中浸泡 20 min，捞出洗净，主要防治病毒病。

（六）浸种催芽

消毒后的种子浸泡 6~8 h 后捞出洗净，置于 25℃ 保温保湿催芽。

（七）播种期

根据栽培季节、气候条件、育苗手段和壮苗指标选择适宜的播种期。

（八）播种量

根据种子大小及定植密度，一般每亩大田用种量 20~30 g。每平方米播种床播种 10~15 g。

（九）播种方法

当催芽种子 70% 以上露白即可播种，夏秋育苗直接用消毒后的种子播种。播种前浇足底水，湿润至床土深 10 cm。水渗下后用营养土薄撒一层，找平床面，均匀撒播种子。播后覆营养土 0.8~1.0 cm。每平方米苗床再用 50% 多菌灵可湿性粉剂 8 g 拌上细土，均匀薄洒于床面上，防治猝倒病。冬春床面上覆盖地膜，夏秋育苗床面覆盖遮阳网或稻草，70%幼苗顶土时撤除。

（十）分苗

幼苗2叶1心时，分苗于育苗容器中，摆入苗床。

（十一）分苗后肥水分管理

苗期以控水控肥为主。在秧苗3～4叶时，可结合苗情追提苗肥。

三、定植

（一）定植前的准备

整地施基肥，一般基肥的施入量：磷肥为总施入量的80%以上，氮肥和钾肥为总施肥量的50%～60%。每亩施优质有机肥（有机质含量9%以上）3 000～4 000 kg，养分含量不足时用化肥补充。有机肥撒施，深翻25～30 cm。按照当地种植习惯做畦。

（二）定植时间

春夏栽培在晚霜后，地温稳定在10℃以上定植。

（三）定植方法及密度

采用大小行定植，覆盖地膜。根据品种特性、整枝方法、生长期长短、气候条件及栽培习惯，每亩定植3 000～4 000株。

四、田间管理

（一）肥水管理

采用膜下滴灌或暗灌。定植后及时浇水，3～5天后浇缓苗水，然后进行蹲苗，待第一穗果坐稳后结束蹲苗开始浇水、追肥。结果期土壤湿度范围维持土壤最大持水量60%～80%为宜。根据土壤肥力、植物生育季节长短和生长状况及时追肥。土壤微量元素缺乏的地区，还应针对缺素的状况增加追肥的种类和数量。

（二）植株调整

支架、绑蔓：用细竹竿支架，并及时绑蔓。

（三）整枝方法

番茄的整枝方法主要有三种：单杆整枝、一杆半整枝和双杆整枝，根据栽培密度和目的选择适宜的整枝方法。

（四）摘心、打叶

当最上部的目标果穗开花时，留两片叶掐心，保留其上的侧枝，及时摘除下部黄叶和病叶。

（五）保果

在不适宜番茄坐果的季节，使用防落素、番茄灵等植物生长调节剂处理花穗。在灰霉病多发地区，应在溶液中加入腐霉利等药剂防病。在生产中不适宜使用2，4-滴保花保果。

（六）疏果

除樱桃番茄外，为保证产品质量应适当疏果，大果型品种每穗选留3~4果；中果型品种每穗留4~6果。

（七）采收

及时分批采收，减轻植株负担，以确保商品果品质，促进后期果实膨大。夏秋栽培必须在初霜前采收完毕。产品质量必须符合NY 5005要求。

五、病虫害防治

（一）农业防治

针对当地主要病虫控制对象，选用高抗多抗的品种；实行严格轮作制度，与非茄科作物轮作3年以上，有条件的地区应实行水旱轮作；深沟高畦，覆盖地膜；培育适龄壮苗，提高抗逆性；测土平衡施肥，增施充分腐熟的有机肥，少施化肥，防止土壤富营养化；清洁田园。

（二）物理防治

覆盖银灰色地膜驱避蚜虫；温汤浸种。

（三）生物防治

天敌：积极保护利用天敌，防治病虫害。

生物药剂：采用病毒、线虫等防治害虫及植物源农药（如藜芦碱、苦参碱、印楝素等）和生物源农药（如齐墩螨素、农用链霉素、新植霉素等）防治病虫害。

（四）主要病虫害药剂防治

猝倒病、立枯病：除用苗床撒药土外，还可用恶霜灵+代森锰锌等药剂防治。

灰霉病：用腐霉利、硫菌·霉威、乙烯菌核利、武夷菌素、霜霉威等药剂防治。

早疫病：用代森锰锌、百菌清、春雷霉素+氢氧化铜、四霜灵锰锌等药剂防治。

晚疫病：用乙磷锰锌、恶霜灵+代森锰锌、霜霉威等药剂防治。

叶霉病：用武夷菌素、春雷霉素+氢氧化铜、波尔多液等药剂防治。

溃疡病：用氢氧化铜、波尔多液、农用链霉素的药剂防治。

病毒病：用盐酸吗啉胍·铜、83增抗剂等药剂防治。

蚜虫、粉虱：用溴氰菊酯、藜芦碱、吡虫林、联苯菊酯等药剂防治。

潜叶蝇：用齐螨素、联苯菊酯等药剂防治。

严格控制农药用量和安全间隔期。

第三节 茄子绿色生产技术

一、品种选择

选择优质、抗病、高产的品种。例如，保护地栽培可有天津快园茄、二苠茄、园杂2号、北京六叶茄等早熟品种，露地栽培可用紫光大圆茄、短把黑、茄杂2号等中晚熟品种。嫁接用砧木应选用根系发达、抗逆性强的野生茄，如托鲁巴姆、野茄二号、赤茄等。

二、用种量

每亩用种 35~50 g。

三、种子处理

有 3 种方法。

（1）选用商品包衣种子。

（2）先用冷水浸种 3~4 h，后用 50℃温水浸种 0.5 h，浸后立即用冷水降温凉干后备用或用 300 倍福尔马林浸种 15 min，清水洗净后凉干备用，防褐纹病。

（3）用 50% 多菌灵可湿性粉剂 500 倍液浸种 2 h，捞出洗净后晾干备用，防黄萎病。

四、催芽

将浸好的种子用湿布包好，放在 25~30℃处催芽。每天冲洗 1 次，每隔 4~6 h 翻动 1 次。4~6 天后将 60% 种子萌芽，即可播种。

五、育苗床准备

（一）床土配制

选用近几年来没有种过茄科蔬菜的肥沃园田土充分腐熟过筛圈粪按 2：1 比例均匀，每立方米加 N：P_2O_5：K_2O 为 15：15：15 三元复合肥 2 kg。将床土铺入苗床，厚度 10~15 cm，或直接装入 10 cm × 10 cm 营养钵内，紧密码放在苗床内。

（二）床土消毒

用 50% 多菌灵可湿性粉剂与 50% 福美双或湿粉剂按 1：1 比例混合，或 25% 甲霜灵与 70% 代森锰锌可湿粉剂按 9：1 混合，按每平方米用药 8~10 g 与 4~5 kg 过筛细土混合，播种时按需部分铺在床面，部分覆在种子上。

六、播种

（一）播种期

春露地 1 月下旬至 2 月上旬，日光温室冬茬 8 月中下旬，冬春茬 12 月中下旬；嫁接苗接穗要比砧木晚播 15~20 天。

（二）方法

浇足底水，水渗后覆一层细土（或药土），将种子均匀撒播在床面，覆细土（或药土）1~1.2 cm。

七、苗期管理

（一）间苗

分苗前间苗 1~2 次，苗距 2~3 cm，嫁接用穗苗距 3~4 cm。去掉病苗、弱苗、小苗及杂苗。间苗后覆土。

（二）分苗

幼苗 3 叶 1 心时（嫁接用砧木苗 2 叶 1 心）分苗。按 10 cm 行株距在分苗床开沟，座水栽苗或分苗于 10 cm×10 cm 营养钵内。

（三）嫁接

当砧木苗 4~5 片真叶，接穗苗 3~4 片真叶时，用靠接法嫁接。将接好的苗移栽到 10 cm × 10 cm 营养钵内浇透水，码放在分苗床内。

（四）分苗后管理

缓苗后锄划 1~2 次，床土见干见湿。定植前 7 天浇透水，两天后起苗囤苗。起苗前用 1.8% 阿维菌素 3 000 倍液喷雾 1 次。

嫁接苗应立即覆盖小拱棚，保持棚内温度 25~30℃，前 3 天每天要遮阴 4~6 h，中午前后喷水雾 1~2 次，保持空气相对湿度 90% 以上。结合喷雾每 3 天喷 1 次 6 000 倍爱多收液和 75% 百菌清可湿性粉剂 500 倍液。7 天后可完全见光，10~12 天后可撤掉小拱棚。有 3~4 片叶时定植。

（五）壮苗标准

株高 20 cm，茎粗 0.6 cm，7~9 片叶，叶色浓绿，现蕾，根系发达，无病虫害。

八、定植前准备

（一）前茬

为非茄科蔬菜。

（二）整地施肥

露地栽培采用大小行，大行距 70 cm，小行距 50 cm。日光温室栽培采用大垄双行，垄高 20 cm，宽 60 cm，垄距宽行留 30 cm 走道，窄行留 10 cm 浇水沟，沟上覆盖地膜。

基肥品种以优质有机肥、常用化肥、复混肥等为主；在中等肥力条件下，结合整地每亩施优质有机肥（以优质腐熟猪厩肥为例）5 000 kg，腐熟饼肥 800~1 000 kg，氮肥（N）3 kg（折尿素 6.5 kg），磷肥（P_2O_5）5 kg（折过磷酸钙 42 kg），钾肥（K_2O）4 kg（折硫酸钾 8 kg）。

（三）棚室有机生态型无土栽培

按棚室面积 0.5 亩或 1 亩分别建 6 m^3 或 10 m^3 沼气池。用炉渣 1/3+草炭 1/3+废棉籽皮 1/3（或锯末 1/3），混合后每平方米加 20 kg 湿润沼渣，混合均匀后作为无土栽培基质。在棚室内按槽间距 72 cm 用砖砌北高南低向栽培槽（或就地挖栽培槽），槽宽 50 cm，深 18 cm，槽底两边高中间稍低呈钝角形，槽内铺 0.1 mm 聚乙烯农用膜，将基质装入槽内配置滴灌系统即可进行无土栽培。

（四）棚室防虫消毒

1. 设防虫网阻虫

在棚室通风口用 20~30 目尼龙网纱密封，阻止蚜虫迁入。

2. 铺设银灰膜驱避蚜虫。

地面铺银灰色地膜，或将银灰膜剪成 10~15 cm 宽的膜条，挂在棚室放风口外。

3. 棚室消毒

每亩棚室用硫黄粉 2~3 kg，加 80% 敌敌畏乳油 0.25 kg，拌上锯末，分堆点燃，然后密闭棚室一昼夜，经放风无味后再定植。或定植前利用太阳能高温闷棚。

九、定植

（一）定植期

春露地 4 月下旬至 5 月上旬，日光温室冬茬 9 月下旬至 10 月上旬，冬春茬 2 月下旬至 3 月上旬。

（二）密度

每亩 2 200 ~2 700 株。

（三）方法

按株距 40~50 cm 在垄上挖穴坐水栽苗，覆土与子叶平。

十、定植后管理

（一）水肥管理

浇水缓苗后，中耕 2~3 次。土壤见干见湿。当门茄长到核桃大小时，结合浇水，追施氮肥（N）6 kg（折尿素 13 kg），钾肥（K_2O）4 kg（折硫酸钾 8 kg）。以后每隔 10 天浇一次水，隔一水追肥一次，每次每亩追施氮肥（N）2~3 kg（折尿素 4.3~6.5 kg）。盛果期，还可用 1% 尿素 +0.5% 磷肥二氢钾 +0.1% 膨果素的混合液叶面追肥 2~3 次。

（二）温度管理（表 3-2）

表 3-2　定植后温度管理　　　　　单位:℃

时期	缓苗期		生长前期		生长中后期（结果期）	
时间	白天	夜间	白天	夜间	白天	夜间
气温	25~30	15~20	22~25	12~16	25~28	14~18

（三）湿度管理

空气相对湿度要维持在 75%以下，采用浇水及放风等措施调节湿度。

（四）植株调整

及时打掉门茄以下侧枝以及植株下部老叶、病叶。

十一、防治病虫害

（一）物理防治

黄板诱杀茶黄螨，将 100 cm×20 cm 长方形纸板涂上黄色油漆，同时涂上一层机油，挂在植株顶部行间，每亩 30~40 块，每隔 10 天再涂一次机油或沾满螨时及时涂抹。

（二）病害防治

1. 灰霉病

用 6.5%万霉灵粉尘剂每亩用 1 kg 喷粉。隔 7 天再喷 1 次。发病初期，用 40%施佳乐悬浮剂 1 200 倍液，或 75%百菌清可湿性粉剂 500 倍液交替喷雾，7~10 天 1 次，连喷 2~3 次。

2. 绵疫病

用 72.2%普力克水剂 800 倍液，或 65%代森锰锌 500 倍液，或 75%百菌清 600 倍液，或 58%甲霜灵锰锌 400~500 倍液喷雾，7~10 天喷 1 次，轮换使用，连喷 3 次。

3. 褐纹病

结果初期，用 75%百菌清可湿性粉剂 500 倍液，或 80%代森锰锌可湿性粉剂 600 倍液，或 50%琥胶肥酸铜（DT 杀菌剂）可湿性粉剂 400~500 倍液喷雾，7~10 天喷 1 次，轮换使用，连喷 3 次。

4. 黄萎病

用 50%琥胶肥酸铜（DT 杀菌剂）可湿性粉剂 350 倍液灌根，每株 0.3~0.5 kg，连灌 3 次，或 12.5%敌萎灵 800 喷雾或灌根。

5. 青枯病

用72%农用硫酸链霉素可溶性粉剂4 000倍液，或50%琥胶肥酸铜可湿性粉剂500倍液，或2%武夷菌素水剂200倍液，7天喷1次，连喷3次。

（三）虫害防治

1. 茶黄螨

用1.8%阿维菌素乳油3 000倍液，棚室也可用22%敌敌畏烟剂，每公顷用药7.5 kg（500 g/亩），傍晚点燃，闷棚一昼夜。

2. 二斑叶螨

选用药剂及方法同上。

第四节　甜椒绿色生产技术

一、品种选择

选用优质、抗病、高产的品种，如中椒107、海丰9号、冀研108、荷兰、以色列彩椒等。

二、用种量

每亩用种100~120 g。

三、种子处理

有4种方法，可根据病害任选其一。

（1）针对不同防治对象选用相应的商品包衣种子。

（2）防治病毒病，将干种子放在烘箱内保存70℃处理72 h，或10%磷酸三钠溶液浸种20 min，或福尔马林300倍液浸种30 min，或1%高锰酸钾溶液浸种20 min，然后用30℃温水冲洗两次即可催芽。

（3）防治疫病和炭疽病，用55℃温水浸种10 min，再放入冷水中冷却，然后催芽播种，或将种子在冷水中预浸 6~15 h 后，用 1%硫酸铜溶液浸种 5 min，捞出后拌少量草木灰或消石灰，中和酸性，再播种，或 50%多菌灵可湿粉剂 500 倍液浸种 1 h，或 72.2%普力克水剂 800 倍液浸种 0.5 h。

（4）对细菌性病害如软腐病，疮痂病用种子量 0.3%的 50%琥胶肥酸铜（DT 杀菌剂）可湿粉剂拌种，或 55℃ 温水浸种 10 min，或 1%硫酸铜溶液浸种 5 min。

四、催芽

将浸好的种子用湿布包好，放在 25~30℃ 的条件下催芽。每天用温水冲洗一次，每隔 4~6 h 翻动 1 次。当 60%以上种子萌芽时即可播种。

五、育苗床准备

（一）床土配制

选用 3 年未种过茄科蔬菜的肥沃园田土与充分腐熟过筛圈粪按 2∶1 比例混合均匀，每立方米加 N∶P_2O_5∶K_2O 比例为 15∶15∶15 三元复合肥 2 kg。将床土铺入苗床，厚度 10~15 cm，或直接装入 8 cm×8 cm 营养钵内，紧密码放在苗床内。

（二）床土消毒

每平方米用福尔马林 300~50 mL，加水 3 L，喷洒床土，用塑料膜密闭苗床 5 天，揭膜 15 天后再播种。

用 50%多菌灵可湿性粉剂与 50%福美双可湿性粉剂按 1∶1 比例混合，或 25%甲霜灵可湿性粉剂与 70%代森锰锌可湿性粉剂按 9∶1 混合，按每平方米用药 8~10 g 与 15~30 kg 过筛细土混合，播种时 2/3 铺在床面，1/3 覆在种子上。也可在播前床土浇透水后，用 72.2%普力克水剂 400~600 倍液喷洒苗床，每平方米用 2~4 L。

（三）育苗器具消毒

对育苗器具用 300 倍福尔马林或 0.1%高锰酸钾溶液喷淋或浸泡消毒。

六、播种

（一）播种期

日光温室冬春茬 11 月中下旬，中、小拱棚 12 月下旬至 1 月下旬，保护地秋延后 4 月下旬至 5 月中旬，秋冬茬 7 月中下旬。

（二）播种方法

浇足底墒水，水渗后覆一层细土（或药土），将种子均匀撒播于床面，覆细土（或药土）1~1.2 cm。

七、苗期管理

（一）温度管理（表3-3）

表3-3　苗期温度管理

时期	适宜日温（℃）	适宜夜温（℃）
播种至齐苗	25~32	20~22
齐苗至分苗	23~28	18~20
分苗至缓苗	25~30	18~20
缓苗至定植前 7 天	23~28	15~17
定植前 7 天至定植	18~20	10~12

（二）间苗

分苗前间苗 1~2 次，苗距 2~3 cm。去掉病苗、弱苗、小苗及杂苗。间苗后覆细土 1 次。

（三）分苗

幼苗 3 叶 1 心时分苗。按 8 cm 行株距在分苗床开沟，座水栽双苗或直接将双苗分栽在 8 cm×8 cm 营养钵内。

（四）分苗后管理

分苗后锄划 1~2 次，保持床土温润，超过 28℃放小风，在此期间叶面喷施 0.05%~0.1%的硫酸锌 1 次；在苗 4~5 片真叶时用 N14+S52 弱毒株系 100 倍液兑少量金刚砂，用 2~3 kg 压力喷枪喷雾，或于定植前 15 天用 N14−83 增抗剂 50 倍液喷洒一次幼苗，定植前 7 天浇一次水，1~2 天后起苗囤苗。

（五）壮苗标准

株高 18 cm，茎粗 0.4 cm，10~12 片叶，叶色浓绿，现蕾，根系发达，无病虫害。

八、定植前准备

（一）前茬

为非茄科蔬菜。

（二）整地施肥

露地栽培采用大小行，大行距 60~80 cm，小行距 40 cm。日光温室栽培采用大垄双行，垄高 20 cm，宽 60 cm，垄断宽行留 30 cm 走道，窄行留 10 cm 浇水沟，沟上覆盖地膜。

基肥品种以优质有机肥、常用化肥、复混肥等为主；在中等肥力条件下，结合整地每亩施优质有机肥（以优质腐熟猪厩肥为例）5 000 kg，氮肥（N）4 kg（折尿素 8.7 kg），磷肥（P_2O_5）5 kg（折过磷酸钙 42 kg），钾肥（K_2O）4 kg（折硫酸钾 8 kg）。

（三）棚室有机生态型无土栽培

按棚室面积 0.5 亩或 1 亩分别建 6 m^3 或 10 m^3 沼气池。用炉渣 1/3+草炭 1/3 废棉籽皮 1/3（或锯末 1/3），混合后每立方米加 20 kg 湿润沼渣，混合均匀后作为无土栽培基质。在棚室内按槽间距 72 cm 用砖砌北高南低向栽培槽（或就地挖栽培槽），槽宽 50 cm，深 18 cm，槽底两边高中间稍低呈钝角形，槽内铺 0.1 mm 聚乙烯农具，将基质装入槽内配置滴灌系统即可进行无土栽培。

（四）设防虫网阻虫

在棚室通风口用 20~30 目尼龙网纱密封，阻止蚜虫迁入。

（五）铺设银灰膜驱避蚜虫

地面铺银灰色地膜，或将银灰膜剪成 10~15 cm 宽的膜条，挂在棚室放风口外。

（六）棚室消毒

每亩棚室用硫黄粉 2~3 kg，加 80% 敌敌畏乳油 0.25 kg，拌上锯末，分堆点燃，然后密闭棚室一昼夜，经放风无味后再定植，或定植前利用太阳能高温闷棚。

九、定植

（一）定植期

春露地 4 月下旬至 5 月上中旬，日光温室秋冬茬 9 月中下旬，冬春茬 2 月上中旬，中小拱棚 3 月中下旬。

（二）密度

每亩 3 800 ~ 4 200 穴，行穴距（50~60）cm ×（25~30）cm，每穴双株。在平畦、半高垄、半高畦上按大小行距，株距要求错开挖深 10~12 cm 定植穴，坐水栽苗，水渗后覆土不超过子叶。

十、定植后管理

（一）水肥管理

定植后浇一次缓苗水，中耕 2~3 次。平畦栽培要结合中耕培土，保持土壤湿润，露地栽培遇雨及时排水。

门茄坐稳后，结合浇水每亩追施氮肥（N）3 kg（折尿素 6.5 kg），钾肥（K_2O）2~3 kg（折硫酸钾 4~6 kg）。第一次采收后结合浇水追肥 2 次，每次每亩追施氮肥（N）4 kg（折尿素 8.7 kg）。

在土壤缺乏微量元素情况下，现蕾至结果期喷施相应的微量元素肥料。

（二）温度管理（表3-4）

表3-4 定植后温度管理表 单位：℃

时期	缓苗期		生长前期		生长中后期（结果期）	
时间	白天	夜间	白天	夜间	白天	夜间
气温	28~32	18~20	25~28	16~18	25~30	18~20

（三）湿度管理

生长期间适宜的空气相对湿度为50%~75%。采用浇水及放风等措施调节湿度。

（四）植株调整

及时打掉门椒以下侧枝。生长中后期及时摘除老叶、病叶，适当疏剪过密枝条。

十一、病虫害防治

（一）物理防治

1. 银灰膜驱蚜

覆银灰色地膜防蚜虫或用10 cm宽银灰色地膜条，按间距10~15 cm纵横拉成网状避蚜。

2. 黄板诱杀蚜虫和白粉虱

用废旧纤维板或纸板剪成100 cm × 20 cm的长条，涂上黄色漆，同时涂一层机油，挂在行间或株间，高出植株顶部，每公顷挂450~600块（30~40块/亩），当黄板沾满蚜虫和白粉虱时，再重涂一层机油，一般7~10天重涂1次。

（二）药剂防治病害

1. 青椒疫病

（1）发病初期每亩用45%百菌清烟雾剂110~180 g熏蒸，7天熏1次，视病情轻重熏3~4次。

（2）每亩用5%百菌清粉尘剂1 kg喷粉，7天喷1次，连喷

2~3 次。

（3）发病初期用 64%杀毒矾可湿性粉剂 500 倍，或 70%乙膦·锰锌可湿性粉剂 500 倍液喷雾。

（4）中后期发现中心病株后，用 50%甲霜铜可湿性粉剂 800 倍液，或 72.2%普力克水剂 600～800 倍液灌根，每穴 100～200 mL。

2. 青椒炭疽病

（1）保护地熏蒸。

（2）发病初期用 50%混杀硫悬浮剂 500 倍液，或 80%炭疽福美可湿性粉剂 600~800 倍液，或 1∶1∶200 倍波尔多液，或 75%百菌清可湿性粉剂 600 倍液喷雾，7~10 天喷 1 次，连喷 2~3 次。

3. 青椒病毒病

（1）早期（苗期）防治蚜虫。用 10%吡虫啉可湿性粉剂 1 500 倍液，或 40%乐果乳油 1 000～2 000 倍液，或 80%敌敌畏乳油 1 000 倍液喷雾。

（2）初发病用 20%病毒 A400 倍液或 1.5%植病灵乳剂 400~500 倍液喷雾，7 天喷 1 次，一般连喷 3 次。

4. 疮痂病

发病初期用 72%农用链霉素可溶性粉剂 4 000 倍液，或 50%琥胶肥酸铜可湿性粉剂（DT 杀菌剂）500 倍液，或 14%络氨铜水剂 300 倍液喷雾，7~10 天 1 次，连喷 2~3 次。

（三）药剂防治虫害

1. 棉铃虫

当百株卵量达 20~30 粒时开始用药，选用 Bt 乳剂 200 倍液，或 1.8%阿维菌素 3 000 倍液，或 5%抑太保乳油 2 500 倍液，或 50%辛硫磷乳油 1 000 倍液，或 80%敌敌畏乳油 1 000 倍液，或 10%联苯菊酯乳油 3 000 倍液喷雾。

2. 烟青虫防治方法同棉铃虫

3. 白粉虱

用 10% 吡虫啉 1 000 ~ 1 500 倍液，或 25% 扑虱灵可湿性粉剂 1 000 倍液，或 3% 啶虫脒 2 000 倍液喷雾。

4. 清理病残体

定植后及时消除病叶，拔除重病株，带到田外深埋或烧毁。整枝、打杈等农事操作前用肥皂水洗手，防止传播病毒病。及时打掉门椒以下侧枝。生长中后期适当疏剪过密枝条。

十二、采收

门椒、对椒要及时采收，防坠秧，盛果期可按市场需求及时采收。

第五节　韭菜绿色生产技术

一、播种时间

从土壤解冻到秋分可随时播种，但夏至到立秋之间，因天气炎热，雨水多，对幼苗生长不利，故播种可分为春播、夏播和秋播。春播在清明前，夏播在立夏前，秋播在立秋后。

二、品种选择

选用抗病虫、抗寒，耐热，分株力强，外观和内在品质好的品种，日光温室秋冬连续生产应选用休眠期短的品种，如平韭 4 号、平韭 6 号、汉中冬韭、791 和雪韭四号等。

三、用种量

每亩用种量 4~6 kg。

四、种子处理

可用干籽直播（春播为主），也可用 40℃ 温水浸种 12 h，除去秕籽和杂质，将种子上的黏液洗干净后催芽。

将浸好的种子用湿布包好放在 16~20℃ 的条件下催芽，每天用清水冲洗 1~2 次，60%种子露白尖即可播种。

五、整地施肥

苗床应选择旱能浇、涝能排的高燥地块，宜选用沙质土壤，土壤 pH 值在 7.5 以下，播前需耕翻土地，结合施肥，耕后细耙，整平作畦。

基肥品种以优质有机肥、常用化肥、复混肥等为主；在中等肥力条件下，结合整地每亩撒施优质有机肥（以优质腐熟猪厩肥为例）6 000 kg，氮肥（N）2 kg（例如，尿素 6.6 kg），磷肥（P_2O_5）6 kg（例如，过磷酸钙 60 kg），钾肥（K_2O）6 kg（例如，硫酸钾 12 kg），或使用按此折算的复混肥料，深翻入土。

六、播种

将沟（畦）普踩一遍，顺沟（畦）浇水，水渗后，将催芽种子混 2~3 倍沙子（或过筛炉灰）撒在沟、畦内，亩播种子 4~5 kg，上覆过筛细土 1.6~2 cm。播种后立即覆盖地膜或稻草，70%幼苗顶土时撤除床面覆盖物。

七、播后水肥管理

出苗前需 2~3 天浇一水，保持土表湿润。从齐苗到苗高 16 cm，7 天左右浇一小水，结合浇水每亩追施氮肥（N）3 kg（例如，尿素 6.6 kg）。高温雨季排水防涝。立秋后，结合浇水施肥 2 次，每次每亩追施氮肥（N）4 kg（例如，尿素 8.7 kg）。定植前一般不收割，以促进壮苗养根。天气转凉，应停止浇水，封冻前浇一次冻水。

八、除草

出齐苗后及时拔草 2~3 次，或采用精喹禾灵、盖草能等除草剂防除单子叶杂草，或在播种后出苗前用 30%除草通乳油（100~150 g）/亩，兑水 50 kg 喷撒地表。

九、棚室生产阶段管理

北方地区栽培的韭菜，如以收获叶片为主，可在秋冬季扣膜，转入棚室生产；如果翌年收获韭薹，则不应扣膜，因韭菜需经过低温阶段才能抽薹。

（一）扣膜

扣膜前，将枯叶搂净，顺垄耙一遍，把表土划松。休眠期长的品种，为了促进韭菜早完成休眠，保证新年上市，可以在温室南侧架起一道风障，造成温室地面寒冷的小气候，当地表封冻 10 cm 时，撤掉风障扣上薄膜，加盖草苫。休眠期短的品种，适宜在霜前覆盖塑料薄膜，加盖草苫。

（二）温湿度管理

棚室密闭后，保持白天 20~24℃，夜里 12~14℃。株高 10 cm 以上时，保持白天 16~20℃，超过 24℃ 放风降温排湿，相对湿度 60%~70%，夜间 8~12℃。

冬季中小拱棚栽培应加强保温，夜间保持在 6℃ 以上，以缩短生长时间。

（三）水肥管理

土壤封冻前浇一次水，扣膜后不浇水，以免降低地温，或湿度过大引起病害，当苗高 8~10 cm 时浇一次水，结合浇水每亩追施氮肥（N）4 kg（例如，尿素 8.7 kg）。

（四）棚室后期管理

三刀收后，当韭菜长到 10 cm 时，逐步加大放风量，撤掉棚膜。每公顷施腐熟圈肥 46 000 ～ 60 000 kg、腐熟鸡粪 7 500 ～ 15 000 kg，并顺韭菜沟培上 2～3 cm 高。苗壮的可在露地时收 1～2 刀。苗弱的，为养根不再收割。

（五）收割

定植当年着重"养根壮秧"，不收割，如有韭菜花及时摘除。

收割季节主要在春秋两季，夏季一般不收割，因品质差。韭菜适于晴天清晨收割，收割时刀口距地面 2～4 cm，以割口呈黄色为宜，割口应整齐一致。两次收割时间间隔应在 30 天左右。春播苗，可于扣膜后 40～60 天收割第一刀。夏播苗，可于翌年春天收割第一刀。在当地韭菜凋萎前 50～60 天停止收割。

（六）收割后的管理

每次收割后，把韭菜搂一遍，周边土锄松，待 2～3 天后韭菜伤口愈合、新叶快出时浇水、追肥，每亩施腐熟粪肥 400 kg，同时加施尿素 10 kg、复合肥 10 kg。从翌年开始，每年需进行一次培土，以解决韭菜跳根问题。

十、病害防治

（一）灰霉病

每亩用 10%腐霉利烟剂 260～300 g，分散点燃，关闭棚室，熏蒸一夜。或用 65%多菌·霉威粉尘剂，每亩用药 1 kg，7 天喷 1 次。晴天用 40%二甲嘧啶胺悬浮剂 1 200 倍液，或 65%硫菌·霉威可湿性粉剂 1 000 倍液，或 50%异菌脲可湿性粉剂 1 000 ～ 1 600 倍液喷雾，7 天 1 次，连喷 2 次。

（二）疫病

用 5%百菌消粉尘剂，每亩用药 1 kg，7 天喷 1 次，或发病初期用 60%甲霜铜可湿性粉剂 600 倍液，或 72%霜霉威水剂 800 倍液，或 60%烯酰吗啉可湿性粉剂 2 000 倍液，或 72%霜脲·锰锌可湿性粉剂，或 60%琥·乙膦铝可湿性粉剂 600 倍液灌根或喷雾，10 天喷（灌）1 次，交叉使用 2～3 次。

（三）锈病

发病初期，用16%三唑酮可湿性粉剂1 600倍液，隔10天喷1次，连喷2次。也可选用烯唑醇、三唑醇等。

十一、害虫防治

（一）韭蛆

成虫盛发期，顺垄撒施2.5%敌百虫粉剂，每亩撒施2～2.6 kg，或在9—11时喷洒40%辛硫磷乳油1 000倍液，或2.5%溴氰菊酯乳油2 000倍液及其他菊酯类农药如氯氰菊酯、氰戊菊酯、功夫、百树菊酯等。也可以在浇足水促使害虫上行后喷75%灭蝇胺（6~10 g）/亩。

物理防治糖酒液诱杀：按糖、醋、酒、水和90%敌百虫晶体3∶3∶1∶10∶0.6比例配成溶液，放1~3盆，随时添加，保持不干，诱杀种蝇类害虫成虫。

（二）潜叶蝇

在产卵盛期至幼虫孵化初期，喷75%灭蝇胺5 000～7 000倍液，或2.5%溴氰菊酯、20%氰戊菊酯或其他菊酯类农药1 500～2 000倍液。

（三）蓟马

在幼虫发生盛期，喷50%辛硫磷1 000倍液，或10%吡虫啉4 000倍液，或3%啶虫脒3 000倍液，或20%丁硫克白威2 000倍液，或2.5%溴氰菊酯等菊酯类农药1 500～2 000倍液。

第六节　西葫芦绿色生产技术

一、品种选择

选择抗病、耐低温、高产、优质的品种，如早青1代、寒玉、碧玉（美国）、牵手2号（法国）、金皮西葫芦等。

二、用种量

每亩用种 400~500 g。

三、种子处理

将种子放在 55℃ 温水中，并不断搅拌至 30℃。再浸泡 4 h，种子搓洗干净，催芽（可防病毒、炭疽病、角斑病）。用 10%磷酸三钠溶液浸种 20~30 min，洗净后浸种催芽（防病毒病）。

四、催芽

将处理后的种子用湿布包好放在 25~30℃ 的条件下催芽，每天用温水冲洗 1~2 遍，种子芽长 0.2~0.5 cm 时播种。

五、育苗床准备

（一）床上配制

用近几年没有种过葫芦科蔬菜的园土 60%、圈肥 30%、腐熟畜禽粪或粪干 5%、炉灰或沙子 5%、炉灰或沙子 5%，混合均匀后过筛。

（二）床土消毒

（1）用 50%琥胶肥酸铜（DT 杀菌剂）可湿性粉剂 500 倍液分层喷洒于配制床土上，拌匀后铺入苗床。

（2）用 50%多菌灵可湿性粉剂与 50%福美双可湿性粉剂按 1：1 混合，或用 25%甲霜灵与 70%代森锰锌按 9：1 混合，按每平方米用药 8~10 g 与 15~30 g 细土混合，播种时 1/3 铺于床面，其余 2/3 盖在种子上面。

六、播种

（一）一般播种

在育苗地挖 15 cm 深苗床，内铺配制消毒床土厚 10 cm。选晴天播种，苗床浇水渗透后，上撒床土（或药土），按行株距 10 cm×10 cm 点种，每粒种子覆床土堆高 2~3 cm。

（二）容器播种

将 15 cm 深苗床先浇透水，用直径 10 cm、高 12 cm 的纸筒（塑料薄膜筒或育苗钵），从苗床上一头边立边装入已配制好的消毒床土 9~10 cm，浇透水，每纸筒内点播一粒种子，上覆床土 2~3 cm。

七、苗期管理

（一）温度管理（表 3-5）

表 3-5　苗期温度管理

时期	白天适宜温度（℃）	夜间适宜温度（℃）
播种后至出苗	25~30	16~18
齐苗至第三叶展开	18~24	10~12
定植前 4~5 天	16~18	7~8

（二）其他管理

苗出土后，一般不浇水，可覆土 2~3 次，每次厚 0.5~1 cm。严重缺水时，表现叶色深绿，苗生长缓慢，可选晴天上午适当喷水，并及时放风降温，严防苗徒长。当苗有 2~3 片叶时，可在叶面喷施 NS-83 增抗剂 100 倍液，防病毒病发生，同时喷施 0.2%~0.3% 的尿素和磷酸二氢钾混合液 2~3 次。

（三）壮苗标准

苗高 12 cm 左右，4 叶 1 心，叶色浓绿，茎粗 0.4 cm 以上，苗龄 25~30 天。

八、定植前准备

（一）前茬

为非葫芦科蔬菜。

（二）一般栽培

基肥品种以优质有机肥、常用化肥、复混肥等为主；在中等肥力条件下，结合整地每亩施优质有机肥（以优质腐熟猪厩肥为例）3 000 kg，氮肥（N）5 kg（折尿素 10.9 kg），磷肥（P_2O_5）6 kg（折过磷酸钙 50 kg），钾肥（K_2O）4 kg（折硫酸钾 8 kg）。

（三）棚室有机生态型无土栽培

按棚室面积 0.5 亩或 1 亩分别建 6 m^3 或 10 m^3 的沼气池。用炉渣 1/3+草炭 1/3+废棉籽皮 1/3（或锯末 1/3）混合后每立方米加 20 kg 湿润沼渣，混合均匀后过筛作为无土栽培基质。在棚室内按槽间距 72 cm 用砖砌北高南低向栽培槽（可就地挖栽培槽），槽宽 50 cm，深 18 cm，槽底两边高中间稍低呈钝角形，槽内铺 0.1 mm 聚乙烯农用膜，将基质装入槽内配置滴灌系统即可进行无土栽培。

（四）设防虫网阻虫

在棚室通风口用 20~30 目尼龙网纱密封，阻止蚜虫迁入。

（五）铺设银灰膜驱避蚜虫

每亩铺银灰色地膜，或将银灰膜剪成 10~15 cm 宽的膜条，挂在棚室放风口处。

（六）棚室消毒

每亩棚室用硫黄粉 3~4 kg，加敌敌畏 0.25 kg 拌上锯末，分堆点燃，然后密闭棚室一昼夜，经放风，无味时再定植。

（七）定植时间、方法和密度

露地栽培应在晚霜后，棚室栽培夜间最低温度应在 6℃ 以上。按等行距 80 cm，或大小行距 100 cm × 80 cm，于苗行间做高垄，垄高 10~15 cm，垄上覆地膜。选晴天于垄上按株距 50 cm 挖穴坐水栽苗，1 600 ~2 000 株/亩。

九、定植后管理

（一）浇水

定植后浇一次缓苗水，水量不宜过大。当根瓜长到 10 cm 大时开始浇催瓜水，根瓜采收后，晴天可5~7天浇一水，阴天要控制浇水。

（二）追肥

结合浇水采用开沟或穴施方法于坐瓜初期追施氮肥（N）6 kg（折尿素13 kg），结瓜盛期氮肥（N）5 kg（折尿素10.9 kg）。

（三）叶面喷肥

结瓜期视长势情况，用0.2%的磷酸二氢钾溶液喷施1~2次。

（四）中耕松土

浇过缓苗水后要中耕松土2次。

（五）温湿度管理

棚室栽培定植后，要密闭棚室防寒保温促缓苗，缓苗后，白天温度20~24℃，夜间8~12℃。当外界最低气温稳定在10℃以上时，白天加大放风量外，以降低棚内湿度。双覆盖栽培的经锻炼5~7天后，可撤掉小拱棚。

（六）蘸花

棚室栽培不利于昆虫授粉，为防止化瓜，可在8—10时雌花开放时进行人工辅助授粉，或用浓度为20~30 mg/kg的2，4-D涂抹雌花柱头和瓜柄，并在蘸花液中加入0.1%的50%农利灵可湿性粉剂防灰霉病。

（七）植株调整

及时打权，摘掉畸形瓜、卷须及老叶；根瓜早摘以免赘秧；日光温室外一茬到底的可拉绳吊蔓和及时落蔓。

十、病虫害防治

（一）物理防治

1. 铺设银灰膜驱避蚜虫

每亩铺银灰色地膜5 kg，或将银灰膜剪成10~15 cm宽的膜条，膜条间距10 cm，纵横拉成网眼状。

2. 黄板诱杀蚜虫

用废旧纤维板或纸板剪成100 cm×20 cm的长条，涂上黄色油漆，同时涂上一层机油，挂在行间或株间，高出植株顶部，每公顷挂 450~600 块（30~40 块/亩），当黄板粘满蚜虫时，再重涂上层机油，一般 7~10 天重涂 1 次。

（二）药剂防治病害

1. 白粉病

（1）发病初期用 45%百菌清烟剂，每亩用 250~300 g 分放在棚内 4~5 处，点燃闭棚熏 1 夜，次晨通风，7 天熏 1 次，视病情熏3~4 次。

（2）发病初期用 20%粉锈宁乳油 2 000 倍液，或 40%多·硫悬浮剂 600 倍液，或 50%硫黄悬浮剂 250 倍液，或"农抗 120" 200倍液喷雾。

（3）采用 27%高脂乳剂 70~140 倍液，于发病初期喷洒在叶片上，7~14 天喷 1 次，连喷 3~4 次。

2. 灰霉病

（1）烟熏法。

（2）每公顷用 6.5%万霉灵粉尘 15 kg（1 kg/亩）喷粉，7 天喷 1 次，连喷 2 次。

（3）发病初期喷洒 40%施佳乐悬浮剂 1 200 倍液，或甲霉灵可湿性粉剂 1 000 ~ 1 500 倍，或 70%甲基托布津可湿性粉剂 800 倍液。7 天喷 1 次，连续喷 2~3 次。注意药剂轮换使用。

3. 霜霉病

（1）烟熏法。

（2）每公顷用 5%百菌清粉尘 15 kg（1 kg/亩）喷粉，7 天喷1 次，连喷 2~3 次。

（3）发现中心病株后用 70%乙膦·锰锌可湿性粉剂 500 倍液，或 72.2%普力克水剂 800 倍液，或 40%乙磷铝可湿性粉剂 200 倍液，或 64%杀素养矾 400 倍液喷雾，7~10 天喷 1 次，视病情发展确定用药次数。还可用糖氮液，即红或白糖 1%+0.5%尿素+1%食醋+0.2%乙磷铝，7 天喷叶面 1 次。

4. 病毒病

（1）防蚜治病。

（2）发病初期用20%病毒A可湿性粉剂500倍液，或1.5%植病灵乳剂1 000倍液，或0.5%抗毒剂1号水剂250~300倍液喷雾，隔10天左右喷1次，连续防治2~3次。

（三）药剂防治害虫

1. 蚜虫

用10%吡虫啉可湿性粉剂5~10 g∕亩，或80%敌敌畏乳油1 500~2 000倍液，或用2.5%溴氰菊酯乳油1 000~1 500倍液喷雾，喷洒时应注意叶背面均匀喷洒。保护地还可选用杀蚜烟剂。每公顷6~7.5 kg（400~500 g∕亩），分放4~5堆，用暗火点燃，密闭3 h。

2. 红蜘蛛

用1.8%的阿维菌素乳油3 000倍液，或20%灭扫利乳油2 000倍液，或15%哒螨酮乳油1 500倍液喷雾。

3. 温室白粉虱

用10%吡虫啉或3%啶虫脒可湿性粉剂1 000~1 500倍液喷雾。

（四）清洁田园

及时摘除病花、病果、病叶深埋，控制病害发生和蔓延。

第七节　芹菜绿色生产技术

一、品种选择

选用优质、抗病、适应性广、实心的品种，如本芹类的津南实芹、津南冬芹、铁杆芹菜等，西芹类的高犹它、文图拉、佛罗里达638等。

二、用种量

每亩用种 80~100 g。

三、种子处理

将种子放入 20~25℃ 水中浸种 16~24 h。

四、催芽

将浸好的种子搓洗干净，摊开稍加风干后，用湿布包好放在 15~20℃ 处催芽，每天用凉水冲洗 1 次，4~5 天后当 60%种子萌芽即可播种。

五、育苗床准备

（一）床土配制

选用肥沃园田土与充分腐熟过筛圈粪按 2：1 的比例混合均匀，每立方米加 N：P_2O_5：K_2O 为 15：15：15 三元复合肥 1 kg。将土铺入苗床，厚度 10 cm。

（二）床土消毒

用 50%多菌灵可湿性粉剂与 50%福美双可湿性粉剂按 1：1 混合，或 25%甲霜灵可湿性粉剂与 70%代森锰锌可湿性粉剂按 9：1 混合，按每平方米用药 8~10 g 与 4~5 kg 过筛细土混合，播种时 2/3 铺在床面，1/3 覆盖种子上。

（三）其他

露地育苗应选择地势高、排灌方便、保水保肥性好的地块，结合整地每亩施腐熟圈粪 8 000 ~ 10 000 kg，磷酸二铵 20 kg，精细整地，耙平作平畦，备好过筛细土或药土，供播种时用。

为控制苗期杂草生长，可在播种前用 48%氟乐灵乳油，每亩 125 g 兑水后喷洒在畦面上，用药后，立即耕锄 4~5 cm 深，使药与床土混合，耧平后作畦。也可在播种后出苗前用 25%除草醚乳油每亩 500 g，兑水 30~50 kg，均匀喷洒在畦面上。

六、播种

（一）播种期

春芹菜 1 月中旬至 2 月中旬，夏芹菜 3 月下旬至 4 月下旬，秋芹菜 5 月下旬至 6 月下旬，日光温度芹菜 7 月上旬至 7 月下旬。

（二）方法

浇足底水，水渗后覆一层细土（或药土），将种子均匀撒播于床面，覆细土（或药土）0.5 cm。

七、苗期管理

（一）温度

保护地育苗，苗床内的适宜温度为 15~20℃。

（二）遮阴

露地育苗，在炎热的季节播种后要用遮阳网，疏掉过密苗、病苗、弱苗，苗距 3cm 见方，结合间苗拔除田间杂草。

（三）间苗

当幼苗第一片真叶展开时进行第 1 次间苗，疏掉过密苗、病苗、弱苗，苗距 3cm 见方，结合间苗拔除田间的杂草。

（四）水肥

苗期要保持床土湿润，小水勤浇。当幼苗 2~3 片真叶时，结合浇水每亩追施尿素 5~10 kg，或用 0.2% 尿素溶液叶面追肥。

（五）壮苗标准

苗龄 60~70 天，株高 15~20 cm，5~6 片叶，叶色浓绿，根系发达，无病虫害。

八、整地施肥

基肥品种以优质有机肥、常用化肥、复合肥等为主；在中等肥力条件下，结合整地每亩施优质有机肥（以优质腐熟猪厩肥为例) 5 000 kg，氮肥（N）4 kg（折尿素 8.7 kg），磷肥（P_2O_5）4 kg（折过磷酸钙 33 kg），钾肥（K_2O）7 kg（折硫酸钾 14 kg）。耙后做平畦。

九、定植

（一）前茬
为非伞形科蔬菜。

（二）定植期
春芹菜 3 月中旬至 4 月中旬，夏芹菜 5 月中旬至 6 月中旬，秋芹菜 7 月下旬至 8 月中旬，日光温室芹菜 9 月上旬至 9 月下旬。

（三）方法
在畦内按行距要求开沟穴栽，每穴 1 株，培土以埋住短缩茎露出心叶为宜，边栽边封沟平畦，随即浇水。定植如苗太高，可于 15 cm 处剪掉上部叶柄。

（四）密度
本芹类：春、夏芹菜 30 000 ~ 55 000 株/亩，行株距（13~15）cm×（10~13）cm；秋芹菜 22 000 ~37 000株/亩，行株距（15~20）cm×（20~25）cm。

西芹类：9 000 ~13 000 株/亩，行株距（15~20）cm×（20~25）cm。

十、定植后管理

（一）中耕
定植后至封垄前，中耕 3~4 次，中耕结合培土和清除田间杂草。缓苗后视生长情况蹲苗 7~10 天。

（二）浇水
浇水的原则是保持土壤湿润，生长旺盛期保证水分供给。定植 1~2 天后浇一次缓苗水。以后如气温过高，可浇小水降温，蹲苗期内停止浇水。

（三）追肥

株高 25~30 cm 时，结合浇水每亩追施氮肥（N）5 kg（折尿素 10.8 kg），钾肥（K$_2$O）5 kg（折硫酸钾 10 kg）。

（四）温湿度

日光温度芹菜缓苗期的适宜温度为 18~22℃，生长期的适宜温度为 12~18℃，生长后期温度保持在 5℃ 以上亦可。芹菜对土壤湿度和空气相对湿度要求高，但浇水后要及时放风排湿。

十一、防治病虫害

（一）物理防治

挂银灰色地膜条避蚜虫，温室通风口处用尼龙网纱防虫。黄板诱杀白粉虱、蚜虫，用 60 cm × 40 cm 长方形纸板，涂上黄色漆，再涂一层机油，挂在高出植株项部的行间，每亩 30~40 块，当黄板粘满白粉虱、蚜虫时，再涂 1 次机油。

（二）药剂防治病害

保护地优先采用粉尘法、烟熏法，在干燥晴朗天气也可喷雾防治，注意软换用药，合理混用。

1. 斑枯病

（1）烟剂薰棚。用 45% 百菌清烟剂或扑每因烟剂，每亩 110 g 分散 5~6 处点燃，熏蒸一夜，每 9 天左右 1 次。

（2）用 5% 百菌清粉尘剂，每亩用药 1 kg，7 天喷 1 次。

（3）用 50% 菌灵或 50% 速克灵可湿性粉剂 500 倍液喷雾。

2. 疫病

（1）烟剂薰棚。

（2）粉尘防治。

（3）发病初期，喷洒 50% 多菌灵可湿性粉剂 800 倍液，或 47% 加强农 WP500 倍液，或 50% 甲基硫菌灵可湿性粉剂 500 倍液喷雾，隔 7~10 天 1 次，连续两次。

3. 软腐病

（1）发现病株及时挖除并撒入石灰消毒，减少或暂停浇水。

（2）发病初期开始喷洒 72% 农用硫酸链霉素可溶性粉剂或新植霉素 3 000 ~ 4 000 倍液，隔 7~10 天 1 次，连续 2~3 次。

（三）药剂防治害虫

1. 蚜虫

用 50% 辟蚜雾可湿性粉剂 2 000 ~ 3 000 倍液，或 10% 吡虫啉可湿性粉剂 1 500 倍液，6~7 天喷 1 次，连续 2~3 次。

2. 蝼蛄

施撒毒饵防治：先将饵料（秕谷、麦麸，豆饼，棉籽饼或玉米碎粒）5 kg 炒香，而后用 90% 敌百虫晶体 30 倍液 0.15 kg 拌匀，适量加水，拌潮为度，每亩施用 1.5 ~ 2.5 kg，在无风闷热的傍晚撒施。

第八节　大白菜绿色生产技术

一、品种选择

选用抗病、优质丰产、抗逆性强、适应性广、商品性好的品种，如绿宝、北京新 3 号、丰抗 78、天津青、晋菜三号等。

二、整地

采用高畦栽培、地膜覆盖，便于排灌，减少病虫害。

三、播种

根据气象条件和品种特性选择适宜的播期，秋白菜一般在夏末初秋播种。华南地区一般秋季播种，叶球成熟后随时采收。可采用穴播或条播，播后盖细土 0.5~1 cm，楼平压实。

四、田间管理

（一）间苗定苗

出苗后及时间苗，7~8叶时定苗。如缺苗应及时补栽。

（二）中耕除草

间苗后及时中耕除草，封垄前进行最后一次中耕。中耕时前浅后深，避免伤根。

（三）合理浇水

播种后及时浇水，保证齐苗壮苗；定苗、定植或补栽后浇水，促进返苗；莲座初期浇水促进发棵；包心初中期结合追肥浇水，后期适当控水促进包心。

五、施肥

（一）基肥

每亩优质有机肥施用量不低于 3 000 kg。有机肥料应充分腐熟。氮肥总用量的 30%~50%、大部分磷肥、钾肥料可基施，结合耕翻整地与耕层充分混匀。宜合理种植绿肥、秸秆还田、氮肥深施和磷肥分层施用。适当补充钙、铁等中、微量元素。

（二）追肥

追肥以速效氮肥为主，应根据土壤肥力和生长状况在幼苗期、莲座期、结球初期和结球中期分期使用。为保证大白菜优质，在结球初期重点追施氮肥，并注意追施速效磷钾肥。收获前 20 天内不应使用速效氮肥。合理采用根外施肥技术，通过叶面喷施快速补充营养。

不应使用工业废弃物、城市垃圾和污泥。不应使用未经发酵腐熟、未达到无害化指标的人畜粪尿等有机肥料。

六、病虫害防治

以防为主、综合防治，优先采用农业防治、物理防治、生物防治，配合科学合理地使用化学防治，达到生产安全、优质的绿色大白菜的目的。不应使用国家明令禁止的高毒、高残留、高生物富集性、高三致（致畸、致癌、致突变）农药及其混配农药。

（一）农业防治

因地制宜选用抗（耐）病优良品种。合理布局，实行轮作倒茬，加强中耕除草，清洁田园，降低病虫源数量。培育无病虫害壮苗。播前种子应进行消毒处理：防治霜霉病、黑斑病可用 50% 福美双可湿性粉剂，或 75% 百菌清可湿性粉剂按种子量的 0.4% 拌种；也可用 25% 瑞毒霉可湿性粉剂按种子量的 0.3% 拌种；防治软腐病可用菜丰宁或专用种衣剂拌种。

（二）物理防治

可采用银灰膜避蚜或黄板（柱）诱杀蚜虫。

（三）生物防治

保护天敌，创造有利于天敌生存的环境条件，选择对天敌杀伤力低的农药；释放天敌，如捕食螨、寄牛蜂等。

（四）药剂防治

（1）对菜青虫、小菜蛾、甜菜夜蛾等采用病毒如银纹夜蛾病毒（奥绿一号）、甜菜夜蛾病毒、小菜蛾病毒及白僵菌、苏云金杆菌制剂等进行生物防治，或 5% 定虫隆（抑太保）乳油 2 500 倍液喷雾或 5% 氟虫脲（卡死克）1 500 倍液或 50% 辛硫磷 1 000 倍液喷雾或齐墩螨素乳油、50% 氟虫腈（锐劲特）、苦参碱、印楝素、鱼藤酮、高效氯氰菊酯、联苯菊酯等喷雾进行防治，根据使用说明正确使用剂量。

（2）对软腐病用 72% 农用硫酸链霉素可溶性粉剂 4 000 倍液，或新植霉素 4 000 ~ 5 000 倍液喷雾。

（3）防治霜霉病可选用 25% 甲霜灵可湿性粉剂 750 倍液，或 69% 安克锰锌可湿性 500 ~ 600 倍液，或 69% 霜脲锰锌可湿性粉剂 600 ~ 750 倍液，或 75% 百菌清可湿性粉剂 500 倍液等喷雾。交替、轮换使用，7 ~ 10 天 1 次，连续防治 2 ~ 3 次。

（4）防治炭疽病、黑斑病可选用 69%安克锰锌可湿性粉剂 500~600 倍液，或 80%炭疽福美可湿性粉剂 800 倍液等喷雾。

（5）防治病毒病可在定植前后喷一次 20%病毒 A 可湿性粉剂 600 倍液，或 1.5%植病灵乳油 1 000 ~1 500 倍液喷雾。

（6）防治菜蚜可用 10%吡虫啉 1 500 倍液，或 3%啶虫脒 3 000 倍液，或 5%啶高氯 3 000 倍液，或 50%抗蚜威可湿性粉剂 2 000 ~ 3 000 倍液喷雾。

（7）防治甜菜夜蛾可用 52.25%农地乐乳油 1 000 ~ 1 500 倍液，或 4.5%高效氯氰菊酯乳油 11.25~22.5 g/hm^2，或 20%溴虫腈（除尽），或 20%虫酰肼（米满）悬浮剂 200~300 g/hm^2 喷雾，晴天傍晚用药。阴天可全天用药。

第九节　甘蓝绿色生产技术

一、品种的选择

早春塑料拱棚、春甘蓝选用抗逆性强、耐抽薹、商品性好的早熟品种；夏甘蓝选用抗病性强、耐热的品种；秋甘蓝选用优质、高产、耐贮藏的中晚熟品种。

二、催芽

将浸好的种子捞出洗净后，稍加晾干后用湿布包好，放在 20~25℃ 处催芽，每天用清水冲洗 1 次，当 20%种子萌芽时，即可播种。

三、育苗床准备

（一）床土配制

选用近三年来未种过十字花科蔬菜的肥沃园土 2 份与充分腐熟的过筛圈肥 1 份配合，并按每立方米加 N：P$_2$O$_5$：K$_2$O 为

15∶15∶15 的三元复合肥 1 kg 或相应养分的单质肥料混合均匀待用。将床土铺入苗床，厚度约 10 cm。

（二）床土消毒

用 50%多菌灵可湿性粉剂与 50%福美可湿性粉剂按 1∶1 比例混合，或 25%甲霜灵可湿性粉剂与 70%代森锰锌可湿性粉剂按 9∶1 比例混合，按每平方米用药 8~10 g 与 4~5 kg 过筛细土混合，播种时 2/3 辅于床面，1/3 覆盖在种子上。

四、播种

（一）播种期

根据当地气象条件和品种特性，选择适宜的播期。最好选用温室育苗，推迟播种期，缩短育苗期，减少低温影响，防止未熟抽薹。

（二）播种方法

浇足底水，水渗后覆一层细土（或药土），将种子均匀撒播于床面，覆土 0.6~0.8 cm。露地夏秋育苗，使用小拱棚或平棚育苗，覆盖遮阳网或旧薄膜，遮阳防雨。

（三）分苗

当幼苗 1~2 片真叶时，分苗在营养钵内，摆入苗床。

（四）分苗后管理

缓苗后划锄 2~3 次，床土不旱不浇水，浇水宜浇小水或喷水，定植前 7 天浇透水，1~2 天后起苗囤苗，并进行低温炼苗。露地夏秋育苗，分苗后要用遮阳网防暴雨，有条件的还要扣 22 目防虫网防虫。同时既要防止床土过干，也要在雨后及时排除苗床积水。

（五）壮苗标准

植株健壮，6~8 片叶，叶片肥厚蜡粉多，根系发达，无病虫害。

五、定植前准备

（一）前茬

为非十字花科蔬菜。

（二）整地

北方露地栽培采用平畦，塑料拱亦可采用半高畦。南方作深沟高畦。

（三）基肥

有机肥与无机肥相结合。在中等肥力条件下，结合整地每亩施优质有机肥（以优质腐热猪厩肥为例）3 000～4 000 kg，配合施用氮、磷、钾肥。有机肥料需达到规定的卫生标准。

（四）设防虫网阻虫

温室大棚通风口用防虫网密封阻止蚜虫进入。夏季高温季节，在害虫发生之前，用防虫网覆盖大棚和温室，阻止小菜蛾、菜青虫、夜蛾科害虫等迁入。

（五）银灰膜驱蚜

铺银灰色地膜，或将银灰膜剪成 10～15 cm 宽的膜条，膜条间距 10 cm，纵横拉成网眼状。

（六）棚室消毒

45%百菌清烟剂，每亩用 180 g，密闭烟熏消毒。

六、定植

（一）定植期

春甘蓝一般在春季土壤化冻、重霜过后定植。

（二）定植方法

采用大小行定植，覆盖地膜。

（三）定植密度

根据品种特性、气候条件和土壤肥力，北方每亩定植早熟种 4 000～6 000 株，中熟种 2 200～3 000 株，晚熟 1 800～2 200 株。

南方每亩定植早熟品种 3 500 ~ 4 500 株，中熟品种 3 000 ~ 3 500 株，晚熟品种 1 600 ~ 2 000 株。

七、定植后水肥管理

（一）缓苗期

定植后 4~5 天浇缓苗水，随后结合耕培土 1~2 次。北方棚室要增温保温，适宜的温度白天 20~22℃，夜间 10~12℃，通过加盖草苫，内设小拱棚等措施保温。南方秋、冬甘蓝生长前期天气炎热干旱，应适当多浇水，以保持土壤湿润。

（二）莲座期

通过控制浇水而蹲苗，早熟种 6~8 天，中晚熟种 10~15 天，结束蹲苗后要结合浇水每亩追施氮肥（N）3~5 kg，同时用 0.2% 的硼砂溶液叶面喷施 1~2 次。棚室温度控制在白天 15~20℃，夜间 8~10℃。

（三）结球期

要保持土壤湿润。结合浇水追施氮肥（N）2~4 kg，钾肥（K_2O）1~3 kg。同时用 0.2% 的磷酸二氢钾溶液叶面喷施 1~2 次。结球后期控制浇水次数和水量。北方棚室栽培浇水后要放风排湿，室温不宜超过 25℃，当外界气温稳定在 15℃ 时可撤膜。南方梅雨、暴雨季节，应注意及时排水。收获前 20 天内不得追施无机氮肥。

八、病虫害防治

（一）物理防治

设置黄板诱杀蚜虫：用 10 cm × 20 cm 的黄板，按照 30 ~ 40 块/亩的密度，挂在行间或株间，高出植株顶部，诱杀蚜虫，一般 7~10 天重涂一次机油。

利用黑光灯诱杀害虫。

（二）病害防治

1. 霜霉病

（1）每亩用 45%百菌清烟剂 110~180 g，傍晚密闭烟熏。7 天熏 1 次，连熏 3~4 次。

（2）用 80%代森锰锌 600 倍液喷雾防病害发生。

（3）发现中心病株后用 40%三乙膦酸铝可湿性剂 150~200 倍液，或 72.2%霜霉威水剂 600~800 倍液，或 75%百菌清可湿性粉剂 500 倍液，或 72%霜脲锰锌 600~800 倍液，或 69%安克锰锌 500~600 倍液喷雾，交替、轮换使用 7~10 天 1 次，连续防治 2~3 次。

2. 黑斑病

发病初期用 75%百菌清可湿性粉剂 500~600 倍液，或 50%异菌脲可湿性粉剂 1500 倍液，7~10 天 1 次，连续防治 2~3 次。

3. 黑腐病

发病初期用 14%络氨铜水剂 600 倍液，或 77%氢氧化铜可湿性粉剂 500 倍液，或 72%农用链霉素可溶性粉剂 4 000 倍液，7~10 天 1 次，连喷 2~3 次。

4. 菌核病

用 40%菌核净 1 500 ~2 000 倍液，或 50%腐霉剂 1 000 ~1 200 倍液，在病发生初期开始用药，间隔 7~10 天连续防治 2~3 次。

5. 软腐病

用 72%农用链霉素可溶性粉剂 4 000 倍液，或 77%氢氧化铜 400~600 倍液，在病发生初期开始用药，间隔 7 ~ 10 天连续防治 2~3 次。

（三）病虫害防治

1. 菜青虫

（1）卵孵化盛期选用苏云金杆菌（Bt）可湿性粉剂 1 000 倍液，或 5%定虫隆乳油 1 500 ~2 500 倍液喷雾。

（2）在低龄幼虫发生高峰期，选用 2.5%氯氟菊酯乳油

2 500~5 000 倍液，或 10%联苯菊酯乳油 1 000 倍液，或 50%辛硫磷乳油 1 000 倍液，或 1.8%齐墩螨素 3 000~4 000 倍液喷雾。

2. 小菜蛾

于 2 龄幼虫盛期用 5%氟虫腈悬浮剂每亩 17~34 mL，加水 50~75 L，或 5%定虫隆乳油 1 500~2 000 倍液，或 1.8%齐墩螨素乳油 3 000 倍液，或苏云金杆菌（Bt）可湿性粉剂 1 000 倍液喷雾。以上药剂要轮换、交替使用。

3. 蚜虫

用 50%抗蚜威可湿性粉剂 2 000~3 000 倍液，或 10%吡虫啉可湿性粉剂 1 500 倍液，或 3%啶虫脒 3 000 倍液，或 5%啶·高氯 3 000 倍液喷雾，6~7 天喷 1 次，连喷 2~3 次。用药时可加入适量展着剂。

4. 夜蛾科害虫

在幼虫 3 龄前用 5%定虫隆乳油 1 500~2 500 倍液，或 37.5%硫双灭多威悬浮剂 1 500 倍液，或 52.25%毒·高氯乳油 1 000 倍液，或 20%虫酰肼 1 000 倍液喷雾，晴天傍晚用药，阴天可全天用药。

九、适时采收

根据甘蓝的生长的情况和市场的需求，陆续采收上市。在叶球大小定型，紧实度达到八成时即可采收，上市前可喷洒 500 倍液的高脂膜，防止叶片失水萎蔫，影响经济价值。同时，应去其黄叶或有病虫斑的叶片，然后按照球的大小进行分级包装。

第十节 冬瓜绿色生产技术

一、品种选择

选用优质高产、抗病虫性强、适应性广、抗逆性强的冬瓜品种。

二、种子处理

用55℃温水烫种，20℃温水浸种，24天内换清水1~2次，然后捞出待播。

三、培育无病虫壮苗

（一）育苗土配制

每2 m² 床土需磷酸二铵、硫酸钾各100 g，腐熟鸡粪1 kg，土肥混合后过筛。

（二）苗床准备

苗床选取背风向阳处，苗床宽1.5 m，长度不限，浇水踏实，每亩需苗床2 m²，床深15 cm，填补2 cm沙土，将备好的育苗土填入坑内。

（三）播种

时间5月5日左右，亩用种50 g，播前浇足水，水渗后，撒过筛细土，按10 cm见方划格，每格播放2粒种子，上盖2 cm厚过筛细土。

（四）播后管理

防虫害用辛硫磷拌麸皮撒在苗床上。

育苗期间一般不浇水，若过于干旱，可浇一小水，使苗壮而不旺长。

四、定植

（一）整地施肥

每亩施用有机肥5 000 kg，磷酸二铵10 kg，硫酸钾5 kg，按3~4 m行距开沟，将粗细肥放沟内，覆盖作畦。

（二）定植

苗龄40~50天，3叶1心时定植，行距3~4 m，株距1.6 m，每亩可栽 120 株。

五、定植后管理

（一）肥水管理

缓苗后沟灌一水，然后控水蹲苗，压（绑）蔓后每亩施饼肥 100 kg，覆土后浇水，当第一瓜核桃大时浇小水，每亩追尿素 15 kg，磷酸二铵 5 kg，硫酸钾 5 kg，提倡沟灌和滴灌，小水勤浇，禁止大小水混灌，忌阴天或傍晚浇水。

（二）田间管理

及时整枝打杈，中耕除草，摘除枯、黄、病、老叶，加强通风。

（三）病虫防治

1. 蚜虫、蓟马

黄板诱杀，或 10%吡虫啉可湿性粉剂 15 000 倍液，或 1.8%阿维菌素 3 000 倍液喷雾防治。

2. 枯萎病

5%菌毒清水剂 250 倍液灌根，每株用 0.25 kg 药液，9 天 1 次，连灌 3 次。

3. 疫病

发病初期喷施 64%杀毒矾可湿性粉剂 500 倍液，40%乙磷铝 200 倍液，交替使用。7 天 1 次，防治 2~3 次。

4. 炭疽病

每亩用 5%百菌清粉尘剂 1 kg，喷粉，也可用 80%炭疽福美 600 倍液喷雾，7 天 1 次，连喷 2~3 次。

5. 蔓枯病

75%百菌清可湿性粉剂 600 倍液喷雾。

6. 病毒病

（1）防治蚜虫。

（2）发病初期用 5%菌毒清 25 倍液，或 20%病毒 A 可湿性粉剂 500 倍液喷雾，7 天 1 次，连喷 3 次以上。

六、采收

采收前 30 天禁止使用农药、化肥。

第四章　小杂菜绿色生产技术

第一节　菜豆绿色生产技术

一、品种选择

选用优质、抗病性强、适应性广、商品性好的品种，如矮生种的地豆王1号、88-3、供给者等；蔓生种的绿龙、架豆王、保丰、白不老等。

二、用种量

直播每亩用种6~8 kg。

三、种子处理

（一）干燥处理

将经过筛选的种子晾晒12~24 h，严禁暴晒。

（二）浸种

棚室栽培播种前用30℃温水浸种2 h，捞出播种，促其早出苗。露地菜豆要干籽直播，防止春季低温或夏季高温条件下烂种。

（三）增产剂处理

可用根瘤菌或钼酸铵每千克种子加2~5 g，用少量水溶解后拌种。

四、播种前准备

（一）前茬

为非豆科作物。

（二）整地施肥

露地种植作平畦，地膜覆盖和保护地种植也可采用半高畦，畦高 10~15 cm。

（三）基肥

基肥品种以优质有机肥、常用化肥、复混肥等为主；在中等肥力条件下，结合整地每亩施优质有机肥（以优质腐熟猪厩肥为例）3 000 kg，氮肥（N）3 kg（折尿素 6.5 kg），磷肥（P_2O_5）6 kg（折过磷酸钙 50 kg），钾肥（K_2O）4 kg（折硫酸钾 8 kg）。

（四）苗床消毒

用 50% 多菌灵可湿性粉剂 500 倍液均匀浇灌。

五、播种

（一）播种期

春茬 4 月中旬至 5 月中旬，秋茬 7 月上旬至 8 月上旬，日光温室春茬 2 月上中旬。育苗移栽提前 12~20 天播种，用塑料营养钵或纸袋育苗。

（二）方法

按行穴距要求挖穴点播，每穴 3~4 粒种子，覆土 3~4 cm，稍加踩压。播种时如土壤墒情不好，应提前 2~3 天浇水造墒后播种。

（三）密度

矮生种每亩 500~5 500 穴，行穴距（40~50）cm×30 cm；蔓生种每亩为 2 300 ~ 3 000 穴，行穴距（70 ~ 80）cm×（30 ~ 35）cm。

（四）棚室消毒

以下两种棚室消毒方法，可任选一种。

（1）用福尔马林 50~100 倍液，每平方米用药液 1~1.5 kg，密闭一昼夜之后放风，7~10 天后定植。

（2）用 50% 多菌灵可湿性粉剂 500 倍液，或 50% 福美双可湿性粉剂 300 倍液对棚室的土壤、屋顶及四周表面进行喷雾消毒。

六、苗期管理

出苗后至开花前的一段时间，一般不浇水，中耕除草 2~3 次，中耕要结合培土。发现缺苗要及时坐水移栽补苗。蔓生种甩蔓搭架前，结合浇水追肥 1 次，每亩追施腐熟粪稀 500~1 000 kg 或埋施腐熟鸡粪 200 kg。

日光温室苗期的适宜温度白天为 20~25℃，夜间 12~18℃。苗龄 25~30 天，2 片复叶时，及时定植。

七、开花结荚期

（一）浇水的原则

前期浇荚不浇花，以后保持土壤见干见湿。当第一花序嫩荚坐住 3~4 cm 长时，结合浇水每亩追施氮肥（N）4 kg（折尿素 8.7 kg），钾肥（K_2O）1~2 kg（折硫酸钾 2~4 kg）；进入开花结荚盛期，每亩追施氮肥（N）2 kg（折尿素 4.3 kg），钾肥（K_2O）1~2 kg（折硫酸钾 2~4 kg）。蔓生种视生长情况还可追肥 1~2 次。此期可用 0.2% 磷酸二氢钾溶液，或 2% 过磷酸钙浸出液加 0.3% 硫酸钾等其他叶面肥，进行 2~3 次叶面追肥。

日光温室菜豆此期的适宜温度白天 22~26℃，夜间 13~18℃。空气相对温度 65%~75% 为宜。

（二）蔓生种甩蔓

要插架（可吊绳），并及时引蔓上架。日光温室菜豆爬满架时，可摘除主蔓顶芽，促使侧枝生长开花结荚。及时摘除下部老叶、病叶，以利通风透光。

八、采收

根据品种特点，嫩荚长到一定大小时，及时采摘，防止老化。

九、防病虫害

各农药品种的使用要严格执行安全隔期。

（一）物理防病虫害

1. 铺设银灰膜驱避蚜虫

每亩铺银灰色地膜 5 kg，或将银灰膜剪成 10～15 cm 宽的膜条，膜条间距 10 cm，纵横拉成网眼状。

2. 黄板诱杀蚜虫

在棚室内设置 100 cm × 10 cm 规格的黄板，在板上涂 10 号机油（加少量黄油），每 20 m² 设 1 块，设置于行间，与植株高度相平，隔 7～10 天重涂 1 次机油，诱杀温室白粉虱、蚜虫和美洲斑潜蝇。

（二）药剂防治虫害

1. 蚜虫

当秧苗蚜株率达 15%时，定植后蚜株率达 30%时，用 10%吡虫啉可湿性粉剂 5～10 g／亩，或 50%辟蚜雾可湿性粉剂 2 000～3 000 倍液喷雾。

2. 白粉虱

用 22%敌敌畏烟剂熏蒸，用药量 0.5 kg／亩，于傍晚密闭棚室熏蒸。在白粉虱数量不多时进行早期喷药，用 10%吡虫啉可湿性粉剂 1 000 倍液，或 3%啶虫脒 1 500 倍液喷雾。

3. 红蜘蛛

当点片开始侵害时，以叶片背面为重点喷药。可轮换使用 1.8%阿维菌素乳油 3 000 倍液，或 15%哒螨酮乳油 1 500 倍液喷雾。

4. 豆野螟

在盛花期或 2 龄幼虫盛发期时喷第一次药，隔 7 天喷 1 次，连喷 2~3 次。一般在清晨花开时喷药，喷药重点花蕾、花朵和嫩荚，落在地上的花、荚也要喷药。药剂可用 1.8% 阿维菌素乳油 3 000~4 000 倍液，或 80% 敌敌畏乳油 800~1 000 倍液，或 Bt 乳剂加 2.5% 澳氰菊酯乳油按 1∶0.1 比例混合兑水 800~1 000 倍液喷雾，同时兼治棉铃虫等其他鳞翅目害虫。

5. 美洲斑潜蝇

用 22% 敌敌畏烟剂 0.5 kg／亩，于傍晚密闭棚室熏蒸。在产品卵盛期至孵化初期用 1.8% 阿维菌素乳油 3 000~4 000 倍液，或灭杀毙（21% 增效氰马乳油）4 000 倍液，或 15% 锐劲特悬浮剂 1 000~1 500 倍液喷雾。

（三）药剂防治病害

1. 病毒病

发病初期用 20% 病毒 A 可湿性粉剂 300 倍液，或 1.5% 植病灵乳剂 1 000 倍液，或 0.5% 抗毒剂 1 号 300 倍液，10 天 1 次，连喷 3~4 次。

2. 锈病

发病初期，喷施 15% 三唑酮可湿性粉剂 2 000 倍液，或 2.5% 敌力脱乳油 4 000 倍液，15 天再防治 1 次。

3. 炭疽病

用 45% 百菌清烟雾剂熏棚室，每亩用药 110~180 g，分放 5~6 处，于傍晚闭棚过夜，7 天 1 次，连熏 3~4 次。用 50% 硫菌灵可湿性粉剂 800~1 000 倍液，或 50% 施保功可湿性粉剂 2 000 倍液喷雾，或 80% 炭疽福美可湿性粉剂 600~800 倍液喷雾，7~10 大喷 1 次，连续用药 2~3 次。

4. 灰霉病

烟熏法，同炭疽病。

用 6.5% 万霉灵粉尘或速克灵粉尘每公顷 15 kg（1 kg／亩），6~7 天 1 次，连喷 3~4 次。

开始发病时，可用 40% 施佳乐可湿性粉剂 1 200 倍液，或 50%

速克灵 600 倍液，7~10 天喷 1 次，连喷 2 次。

5. 枯萎病

零星发病时，用 50%施保功可湿性粉剂 1 500 ~2 500 倍液，或 50%多菌灵可湿性粉剂 500 倍液，或 50%甲基托布津可湿性粉剂 500~600 倍液灌根，用药液 0.25 L/株。

6. 细菌性疫病

发病初期，喷洒 72%农用硫酸链霉素可溶性粉剂 3 000 倍液，或 77%可杀得可湿性粉剂 500 倍液，7~10 天喷 1 次，连喷 2~3 次。

第二节　胡萝卜绿色生产技术

一、品种选择

春胡萝卜选用优质、耐抽薹、高产的品种，如新黑田五寸参、红蕊 4 号等；秋胡萝卜选用优质、高产的品种，如新黑田五寸参、日本五寸参和当地优良农家品种等。

二、用种量

每亩用 1~2.5 kg。

三、种子处理

多采用干籽直播，播前搓去种子上的刺毛，整理干净，稍加晾晒后即可播种。如浸种催芽，可在 35~40℃ 温水中浸种 2~3 h，捞出洗净后用湿布包好，放在 25~30℃ 处催芽，每天冲洗 1 次，3~4 天后 60%种子萌芽时，即可播种。

四、播种前准备

（一）前茬
为非伞形科蔬菜。

（二）整地施肥

要选择土层厚肥沃、排灌方便、土质疏松的沙壤土或壤土。施肥品种以优质有机肥、常用化肥、复混肥等为主。在中等肥力条件下，结合整地每亩施优质有机肥（以优质腐熟猪厩肥为例）4 000 kg，磷肥（P_2O_5）5 kg（折过磷酸钙 42 kg），钾肥（K_2O）5 kg（折硫酸钾 10 kg），深耕 25~30 cm，耙平后作畦。

五、播种

（一）播种期

春胡萝卜 3 月中旬至 4 月上旬，秋胡萝卜 7 月中旬至 8 月上旬，早春塑料小拱棚胡萝卜比露地播种提前 15~20 天。

（二）撒播或条播

撒播：将种子（可与湿沙混合）均匀撒播于畦面。

条播：按行距 15~18 cm 在畦内划沟，顺沟播种。覆土厚度 1~1.2 cm，压实后浇水。为控制苗期田间杂草生长，在播种后出苗前用 25%除草醚乳油每亩 300 g，兑水 50 kg 喷洒畦面。

六、田间管理

（一）间苗

中耕除草，间苗 2 次。第一次在 1~2 片真叶时，去掉小苗、弱苗、过密苗，苗距 3 cm；第二次间苗（定苗）在 4~5 片真叶时，苗距 8~10 cm。间苗后要浅中耕，疏松表土，拔除杂草，至封垄前浇水后或雨后还要中耕 2~3 次。中耕结合培土。

（二）浇水

出苗前保持土壤湿润，齐苗后土壤见干见湿。春播胡萝卜播种后覆盖地膜，出苗后撤膜，苗期控制浇水，勤锄划，以保墒增温。叶部生长旺盛期适当控制浇水，加强中耕松土，视生长情况，如长势过旺，可蹲苗 10~15 天；肉质根膨大期保持土壤湿润，保证水分供应，适时适量浇水，雨后排除田间积水，防止因水量不匀而引起的裂根和烂根。

（三）追肥

叶部生长旺盛期长势弱可在定苗后，结合浇水每亩追施氮肥（N）4 kg（折尿素 8.7 kg）；肉质根膨大期每亩追施钾肥（K_2O）5 kg（折硫酸钾 10 kg）。

七、药剂防治病虫害

（一）药剂防治病害，注意轮换用药，合理混用

1. 黑斑病

用 64%杀毒矾可湿性粉剂 600~800 倍液，或 50%甲霜灵锰锌可湿性粉剂 500~800 倍液，或 75%百菌清可湿性粉剂 600 倍液，或 50%扑海因可湿性粉剂 1 500 倍液，隔 10 天左右 1 次，连续防治 3~4 次。

2. 黑腐病

防治方法同黑斑病。

3. 灰霉病

发病初期喷施 50 扑海因可湿性粉剂 1 500 倍液，或 50%速克灵可湿性粉剂 2 000 倍液，或 50%甲霜灵可湿性粉剂 800~1 500 倍液。

4. 菌核病

防治方法同灰霉病。

5. 细菌疫病

发病初期喷施 72%农用硫酸链霉素可湿性粉剂 4 000 倍液，或 14%络氨铜水剂 300 倍液，或 77%可杀得可湿性粉剂 800 倍液，或 1∶1∶200 倍波尔多液，隔 7~10 天 1 次，共防治 2~3 次。

6. 花叶病

用 10%吡虫啉可湿性粉剂 1 500 倍液喷雾，防治传毒蚜虫，发病初期喷洒 20%病毒 A 可湿性粉剂 500 倍液。

（二）药剂防治害虫

1. 甜菜夜蛾

对初孵幼虫喷施 5% 抑太保乳油 2 500 ~ 3 000 倍液，或 10% 除尽乳油 1 500 倍液，或 52.25% 农地乐 1 000 倍液，或 2.5% 菜喜 500 倍喷雾。晴天傍晚用药，阴天可全天用药。

2. 根蛆

在成虫发生期可用 2.5% 功夫乳油 3 000 倍液，或 2.5% 敌杀死乳油 3 000 倍液喷杀，隔 7 天 1 次，连喷 2~3 次。幼虫发生期每亩用乐斯本 500 mL，或 40% 锌硫磷 1 000 mL 随浇水灌根。

八、采收

当肉质根充分膨大，部分叶片开始发黄时，适时收获。

第三节 芫荽绿色生产技术

一、播种时间

可在春、夏、秋露地，或早春地膜覆盖，小、中、大棚或冬季日光温室播种。春季露地不可播种过早，以防遇低温通过春化经长日照后抽薹。

二、品种选择

夏季和保护地栽培宜选用矮株小叶品种，春、秋季宜选用高株大叶品种。

三、种子处理

（一）搓籽

芫荽种子聚合果，其中有两粒种子，播种前需将种子搓开。

（二）浸种催芽

用 48℃ 温水浸种，并搅拌水温降至 25℃ 再浸种 12~15 h，将种子用湿布包好放在 20~25℃ 条件下催芽，每天用清水冲洗 1~2 次，5~7 天 80%种子露白尖即可播种。

四、播种地准备

（一）前茬

为非伞形科蔬菜。

（二）整地施肥

在中等肥力条件下，结合整地每亩施优质有机肥（以优质腐熟猪厩为例）3 000 kg，磷肥（P_2O_5）4 kg（折过磷酸钙 33 kg），钾肥（K_2O）3 kg（折硫酸钾 6 kg）。

（三）作畦

作成宽 100~150 cm、长 800~1 000 cm 的畦，将土坷垃打碎，畦面搂平，踩实。

（四）播种

顺畦浇水，水渗后，上撒过筛细土，厚 1 cm。将催芽种子混 2~3 倍沙子（或过筛炉灰）均匀撒在畦上；秋季冬贮的为了长大棵，也可在畦内按行距 5~8 cm 条播，畦上覆过筛细土 1.5~2 cm。早春覆盖地膜的可早播 7~10 天，有利提高地温、保墒、促苗、早出土、早上市。每公顷用种量：撒播的 45~60 kg（3~4 kg／亩）。可在播种后出苗前用 25%除草醚乳油每亩 500 g，兑水 30~50 kg，均匀喷洒在畦面上。

五、田间管理

（一）春播（早春覆盖地膜，小、中、大棚或冬季日光温室播种）

播种后不浇水，出苗后不间苗，应及时拔草两次。当苗高 2cm 左右时，结合浇水每亩追肥氮肥（N）3 kg（折尿素 6.5 kg）。棚室适宜温度 15~20℃，超过 20℃ 时，要及时放风降温排湿。掌握 1

周左右浇一次小水，50 天苗高 15 cm 左右时即可陆续采收上市。

（二）夏播

正值高温多雨季节，播种后于畦上覆盖废旧薄膜（下面甩泥浆）防雨遮阴。连浇两水促出苗，出苗后撤掉覆盖，结合除草间掉过密苗，并结合浇水于苗高 5 cm 左右时，每亩追施氮肥（N）3 kg（折尿素 6.5 kg）。45 天苗高 15 cm 左右即可陆续采收上市。

（三）秋播

播种后连浇 2~3 次小水，出苗后控制浇水蹲苗，结合除草把苗间开，条播的株距或撒播的苗距 2~3 cm。当苗叶色变绿结合浇水每亩追施氮肥（N）3 kg（折尿素 6.5 kg）。保持地表见干见湿。进入 10 月当苗高 30 cm 以上时可陆续收获上市。或于地表结冻时收获捆把冻藏，于冬季上市。

六、病虫害防治

（一）物理防治

前茬用葱蒜类地可防早疫病；采用 10~15 cm 高畦栽培，或雨后排水，防止大水漫灌可控制早疫病、斑枯病发生。

（二）药剂防治病害

保护地优先采用粉尘法、烟熏法，在干燥晴朗天气也可喷雾防治，注意轮换用药，合理混用。

（1）叶斑病，发病初期，喷洒 75%百菌清可湿性粉剂 600 倍液，或 50%多菌灵 600 倍液，7~10 天 1 次，连喷 2~3 次。

（2）细菌疫病，发病初期喷洒 60%琥·乙膦铝（DTM）可湿性粉剂 500 倍液，或新植霉素 4 000~5 000 倍液，或 72%农用硫酸链霉素可溶性粉剂 4 000 倍液，或 77%可杀得可湿性粉剂 500 倍液，隔 7~10 天 1 次，共防 2~3 次。

（三）药剂防治蚜虫

用 1.8%阿维菌素 200 倍液，或 10%吡虫啉可湿性粉剂 1 500

倍液防治蚜虫。

第四节 油菜绿色生产技术

一、品种选择

选用优质高产、抗病、抗逆性强、适应性广、商品性好的油菜品种。

二、种子特殊要求

不得使用转基因油菜品种。

三、种子处理

根据病害种类，选用下列方法的一种。

（一）霜霉病

25%甲霜灵可湿性粉剂拌种（用量按种子重量的0.3%）。

（二）黑斑病、炭疽病

用50℃温水浸种25 min，冷却晾干后拌种，或50%福美双可湿性粉剂拌种（用量按种子重量的0.4%）或50%补满图可湿性粉剂拌种（用量按种子重量的0.2%~0.3%）。

（三）软腐病

用农抗751拌种（用量按种子重量的1%~1.5%）。

四、培育无病虫壮苗

（一）育苗土配制

选择3年内未种过十字花科作物的园土与腐熟有机肥混合，优质有机肥量占30%以上，掺匀过筛。

（二）育苗土消毒

用50%多菌灵可湿性粉剂与50%福美双可湿性粉剂1∶1混

合，每平方米 10 g 拌匀。采用营养钵纸袋护根育苗。

五、定植

（一）整地施肥
每亩施用有机肥 5 000 kg，深翻 20 cm，耕平。

（二）定植
按行株距 15~20 cm 栽至第一真叶柄茎部，随栽随浇，浇后封沟为高垄。

（三）纱网阻虫
在棚室通风处用龙纱网密封，阻止害虫迁入。

（四）棚室消毒
棚室栽培每亩用 45%百菌清烟雾剂 250 g 密闭烟熏消毒。

（五）黄板诱杀
棚室风用废旧纤维板或纸板剪成 100 cm×200 cm 长条，涂上黄色油漆后涂上机油，在行间或株间高出植株顶部，每亩 30~40 块，7~10 天涂机油 1 次。

（六）银灰膜避蚜
每亩铺银灰膜 5 kg 或将其剪成 10~15 cm 的膜条间距 10 cm，纵横拉成网状。

六、定植后管理

（一）缓苗后
适当通风，保持昼温 20℃，在晴暖天中耕 1~2 次，植株开始长新叶时，每亩要施 5~10 kg 尿素或饼肥 50 kg。

（二）病虫防治
保护地优先采用粉尘法、烟熏法，在晴朗天气也可以喷施防治。注意交替用药，合理混用。

1. 霜毒病
用 45%百菌清烟剂 200~250 g/亩，傍晚密闭烟熏，7 天 1 次，

连熏 3~4 次。或傍晚每亩用 5%百菌清粉尘剂 1 kg，喷粉防治，每
9~11 天 1 次，连喷 2~3 次。或发现中心病源后，开始喷洒 40%三
乙磷酸铝可湿粉剂 150~200 倍液，或 75%百菌清可湿性粉剂 500
倍液，64%杀毒矾可湿性粉剂 500 倍液，58%甲霜灵锰锌可湿性粉
剂 500 倍液，72.2%普力克水剂 600~800 倍液，隔 7~10 天 1 次，
连续防治 2~3 次。

2. 黑斑病

发病初期开始喷洒 75%百菌清可湿性粉剂 500~800 倍液，用
64%杀毒矾可湿性粉剂 500 倍液，隔 7~10 天 1 次，连喷 2~3 次。

3. 白斑病

发病初期开始喷洒 75%百菌清可湿性粉剂 500~600 倍液，
50%甲硫灵可湿性粉剂 500 倍液，隔 15 天左右 1 次，连喷 2~3 次。

4. 黑腐病

发病初期，喷洒 72%农用硫酸链可溶性粉剂或新植霉素
4 000~5 000 倍液，或 14%络铵铜水剂 650 倍液、77%可杀得可湿
性粉剂 500 倍液，隔 7~10 天 1 次，连喷 2~3 次。

5. 病毒病

（1）防治蚜虫，用 10%吡虫林可湿性粉剂 1 500 倍液，或 50%
抗蚜威可湿性粉剂 2 000 倍液，25%阿维菌素颗粒剂 5 000~10 000
倍液喷雾防治。

（2）发病初期开始喷洒 20%病毒 A 可湿性粉剂 500 倍液，或
1.5%植病乳剂 1 000 倍液、83 增抗剂 100 倍液，隔 10 天 1 次，连
续防治 2~3 次。

6. 菜青虫

于 2 龄幼虫盛期用 5%锐劲特悬浮剂 2 500 倍液，或 Bt 乳剂
200 倍液、50%辛硫磷剂 1 000 倍液喷雾防治。

7. 甜菜夜蛾

在幼虫 3 龄前用 5%抑太保乳油 2 500 倍液、Bt 可湿性粉剂
（16 000 IU/mg）1 000 倍液、52.25%农地乐乳油 1 000 倍液喷雾

防治。

8. 小菜蛾

于 2 龄盛期用 5%锐劲特悬浮剂 2 000 倍液，或 5%抑太保乳油 2 000 倍液、1.8%阿维菌素乳油 3 000 倍液、Bt 乳剂 200 倍液喷雾防治。

第五节　茼蒿绿色生产技术

一、品种选择

选用优质、高产、抗病虫性好、抗逆性强、商品性好的茼蒿品种。

二、种子处理

用 55℃ 水浸种搅至室温后，继续浸种 24 h，捞出稍晾，在 15~20℃ 温度下催芽，每天用清水淘洗，75% 种子露白后即可播种。

三、田间管理

（一）整地施肥

每亩施用优质腐熟有机肥 3 000 ~ 4 000 kg，过磷酸钙 40 ~ 52 kg，硫酸钾 15~20 kg。

（二）播种

10~15 cm 行距撒播，播深 3~5 cm，覆土 1 cm，镇压。出苗前，保持地面湿润。出苗后，按 3~4 cm 见方间苗。株高 4 cm 以上时，要小水勤浇。

（三）病虫害防治

1. 叶枯病、叶斑病、炭疽病

发病初期用 36%甲基托布津悬浮剂 1 000 倍液喷雾。

2. 霜霉病

75%百菌清可湿性粉剂 500 倍喷雾防治。

3. 病毒病

防治蚜虫用 10%吡虫啉可湿性粉剂 3 000 倍液喷雾防治；出现轻微症状时，用 20%病毒 A 可湿性粉剂 5 000 倍液连喷 3~4 次。

第六节　大葱绿色生产技术

一、品种选择

选用优质、抗病、高产品种，如章丘大葱、隆尧大葱、海洋大葱等。

二、用种量

每亩用种 3~4 kg。

三、种子处理

用 55℃ 温水搅拌浸种 20~30 min，或用 0.2%高锰酸钾溶液浸种 20~30 min，捞出洗净晾干后播种。

四、育苗床准备

选地势平坦，排灌方便，土质肥沃，近三年未种过葱蒜类蔬菜的地块。结合整地每亩施腐熟有机肥 6 000 ~ 8 000 kg，磷酸二铵20 kg。浅耕细耙，整平作畦。

五、播种

（一）播种期

秋播 9 月中旬至 10 月上旬，春播 3 月中旬至 4 月上旬。

（二）方法

浇足底水，水渗后将种子撒播于床面，覆细土 0.8~1.0 cm。

（三）控制杂草

在播种后出苗前，用 33%除草通乳油每亩 150 g，兑水 30~50 kg 喷洒床面。

（四）苗期管理

秋播苗。苗出齐后，保持土壤见干见湿，适当控制水肥，上冻前浇一次冻水，寒冷地区可覆盖一层马粪或碎草等防害。幼苗株高 8~10 cm，三片叶时越冬最佳。翌年春季土壤解冻后及时浇返青水，幼苗返青后结合浇水每亩追施氮肥（N）4 kg（折尿素 8.7 kg）。间苗 1~2 次，苗距 3~4 cm 见方，定植前 7~10 天停止浇水。

春播苗。播种后可覆盖地膜，保温保湿，幼苗出土后及时撒膜，随着天气变暖，加强水肥管理，保持土壤湿润，给合浇水每亩追施氮肥（N）4 kg（折尿素 8.7 kg）。及时间苗和除草。

（五）壮苗标准

株高 30~40 cm，6~7 片叶，茎粗 1.0~1.5 cm，无分蘖，无病虫害。

六、定植前准备

（一）前茬

为非葱蒜类蔬菜。

（二）整地施肥

地要深耕细耙，在中等肥力条件下结合整地，每亩撒施优质有机肥 4 000 kg（以优质腐熟猪厩肥为例），氮肥（N）3 kg（折尿素 6.5 kg），磷肥（P_2O_5）5 kg（折过磷酸钙 42 kg），钾肥（K_2O）4 kg（折硫酸钾 10 kg）。以含硫肥料为好。定植前按行距开沟，沟深 30 cm，沟内再集中施用磷钾肥，刨松沟底，肥土混合均匀。

七、定植

（一）定植期

6月中下旬。

（二）密度

每亩 12 000 ~ 22 000 株，行株距（60 ~ 80）cm×(5 ~ 7) cm。

（三）方法

葱苗要分级，按大、中、小苗分开定植。

干插法。在开好的葱沟内，将葱苗插入沟底，深度以不埋住五权股为宜，两边压实后再浇水。也可采用湿插法，即先浇水，后插葱。

八、定植后管理

（一）中耕除草

定植缓苗后，天气逐渐进入火热夏季，植株处于半休眠状态，一般不浇水，中耕保墒，清除杂草，雨后及进排出田间积水。

（二）浇水

进入 8 月，大葱开始旺盛生长，要保持土壤湿润，逐渐增加浇水次数和加大水量，收获前 7 ~ 10 天停止浇水。

（三）追肥

追肥品种以尿素，硫酸铵为主；结合浇水，分别于立秋、白露两个节气，每亩追施氮肥（N）4 kg（折尿素 8.7 kg）进行。生长中后期还可用 0.5% 磷酸二氢钾溶液等叶面追肥 2 ~ 3 次。

（四）培土

为软化葱白，防止倒伏，要结合追肥浇水进行 4 次培土。将行间的潮湿土尽量培到植株两侧并拍实，以不埋进五权股（外叶分权处）为宜。

九、病虫害防治

(一) 物理防治

用糖、醋、酒、水、敌百虫晶体按 3：3：1：10：0.5 的比例配成溶液，装入直径 20～30 cm 的盆中放到田间，每 $200m^2$ 放一盆，随时添加溶液，保持不干，诱杀葱蝇等害虫。

(二) 药剂防治病害

1. 霜霉病

发病初期喷洒 90% 三乙膦酸铝可湿性粉剂 400～500 倍液，或75% 百菌清可湿性粉剂 600 倍液、50% 甲霜铜可湿性粉剂 800～1 000 倍液、64% 杀毒矾可湿性粉剂 500 倍液、72.2% 普力克水剂 800 倍液，隔 7～10 天 1 次，连续防治 2～3 次。

2. 锈病

发病初期喷洒 15% 三唑酮可湿性粉剂 2 000～2 500 倍液，或20% 萎锈灵乳油 700～800 倍液，或 25% 敌力脱乳油 3 000 溶液，隔10 天左右 1 次，连续防治 2～3 次。

3. 紫斑病

发病初期喷洒 75% 百菌可湿性粉剂 500～600 倍液，或 64% 杀毒矾可湿性粉剂 500 倍液、40% 大富丹可湿性粉剂 500 倍液、58%甲霜灵锰锌可湿性粉剂 500 倍液，或 50% 扑海因可湿性粉剂 1 500倍液，隔 7～10 天喷洒 1 次，连续防治 3～4 次，均有较好的效果。

4. 黑斑病

发病初期开始喷洒 75% 百菌清可湿性粉剂 600 倍液，或 50%扑海因可湿性剂 1 500 倍液、64% 杀毒矾可湿性粉剂 500 倍液、50% 琥胶肥酸铜可湿性粉剂 500 倍液，60% 琥·乙膦铝可湿性粉剂500 倍液，14% 络氨铜水剂 300 倍液、1：1：100 波尔多液，隔 7～10 天喷洒 1 次，连续防治 3～4 次。

5. 灰霉病

发病初期轮换施 50% 速克灵或 50% 扑海因、50% 农利录可湿性粉剂 1 000～1 500 倍液，或 25%甲霜灵可湿性粉剂 1 000 倍液，或 50%多双灵可湿性粉 800 倍液喷雾。

6. 疫病

发病初期喷洒 90%三乙膦酸铝可湿性粉剂 400～500 倍液，或 75%百菌清可湿性粉剂 600 倍液、50%甲霜铜可湿性粉剂 800～1 000 倍液、64%杀毒矾可湿性粉剂 500 倍液，72.2%普力克水剂 800 倍液，隔 7～10 天 1 次，连续防治 2～3 次。

7. 白腐病

病田在播种后约 5 周喷洒 50%多菌灵可湿性剂 500 倍液，或 50%甲基硫菌灵湿性粉剂 600 倍液、50%扑海因可湿性粉剂 1 000～1 500 倍液灌根淋茎。

8. 小菌核病

发病初期开始喷洒 40%多硫悬浮剂 500 倍液，或 50%甲基硫菌灵可湿性粉剂 400～500 倍液、50%扑海因可湿性粉剂 1 000～1 500 倍液、50%农利灵可湿性粉剂 1 000 倍液，隔 7～10 天 2 次，连续防治 2～3 次。

9. 软腐病

发病初期喷洒 50%琥胶肥酸铜可湿性粉剂 500 倍液，或 70%可杀得可湿性粉 500 倍液、14%络氨铜水剂 300 倍液、72%农用链霉素可溶性粉剂 4 000 倍液、新植霉素 4 000～5 000 倍液，视病情隔 7～10 天 1 次，防治 1～2 次。及时防治葱蓟马等。

10. 黄矮病

发病初期开始喷洒 1.5%植病灵乳剂 1 000 倍液，或 20%病毒 A 或湿性粉剂 500 倍液、83 增抗剂 100 倍液，隔 10 天左右 1 次，防治 1～2 次。及时防治传毒蚜虫和葱蓟马。

（三）药剂防治害虫

1. 葱地种蝇

在成虫发生期，用 21%灭杀毙乳油 6 000 倍液、2.5%溴氰菊酯乳油 3 000 倍液等，20%菊马乳油 3 000 倍液，隔 7 天 1 次，连续喷 2~3 次。已发生地蛆的菜田可用 50%辛硫磷乳油 800 倍液、90%敌百虫晶体或 80%敌百虫可溶性粉剂 1 000 倍液灌根。

2. 葱斑潜蝇

用 1.8%阿维菌乳油 3 000 倍液，或 1.8%绿杀灵乳油 2 500 倍液喷雾防治。

3. 葱蓟马

可用 21%灭杀毙乳油 6 000 倍液或 50%辛硫磷乳油 1 000 倍液、20%氯马乳油 2 000 倍液、10%菊马乳油 1 500 液喷雾。

4. 甜菜夜蛾

卵盛期用 5%抑保乳油 2 500~3 000 倍液，或在幼虫 3 龄前用 52.25%农地乐乳油 1 000 倍液喷雾，晴天傍晚用药，阴天可全天用药。

十、收获

大葱的收获期，因地区气候差异有早晚。一般当外叶生长基本停止，叶色变黄绿，在土壤封冻前 15~20 天为大葱收获适期。

第七节　大蒜绿色生产技术

一、播种时间

秋播区域，露地可在 9 月下旬至 10 月上旬，地膜覆盖的可推迟 7~10 天；春播区域，露地应顶凌播种。

二、品种选择

选择耐寒、生长势强、抗病、蒜头大、抽薹率高、耐贮、辣香味浓的品种，如苍山大蒜、永年白蒜、定州紫皮蒜等。

三、用种量

每亩用种 50~100 kg。

四、蒜种处理

（一）分级

将鳞茎（蒜头）掰开，挑出变色、软瘪和过小的瓣，剥掉蒜皮和干茎盘，按大小瓣分级。

（二）浸种

用清水浸种 24 h。

（三）拌种

用迦姆丰收植物增产调节剂 10 mL，兑水 5 kg，拌蒜种 200 kg。

五、播种

（一）前茬

为非葱蒜类蔬菜。

（二）整地施肥

在中等肥力条件下，结合整地每亩施优质有机肥（以优质腐熟猪厩肥为例）5 000 kg，氮肥（N）3 kg（折尿素 6.5 kg）、磷肥（P_2O_5）5 kg（折过磷酸钙 42 kg）。施肥时宜选用含硫肥料。

（三）作畦

按宽 140~160 cm，长 1 000~1 500 cm 作南北向畦，将坷垃打碎，畦面耧平。春播的应在年前地上冻前施足肥、整好地、作好畦、浇足冻水，便立春顶凌播种。

（四）播种

在畦内按行距 20 cm 开 3~4 cm 深沟（秋播深些，春播浅些），在沟内按株距 8 cm，蒜背顺行间播种，然后覆土耧平，顺畦浇水。

水渗后在畦面用 33% 除草通乳油 150 mL/亩，兑水 50 kg，喷洒地表。

地膜覆盖的畦上覆膜。每公顷播蒜种 3 000 kg（200 kg/亩），密度为 600 000 株左右（40 000 株左右/亩）。

播种时用 1.1%若参碱粉剂 3 kg/亩播种沟内。

六、田间管理

（一）苗期管理

（1）当苗长 1 片真叶时，应中锄划两次，提高地温，秋播蒜适当蹲苗，以防徒长越冬死苗，地上冻前浇一次水。返青后，当种瓣腐烂"退母"之时，结合浇水每亩追施氮肥（N）3 kg（折尿素 6.5 kg 或硫酸铵 12 kg），钾肥（K_2O）2 kg（折硫酸钾 4 kg）。

（2）地膜覆盖蒜可用扫帚在膜上轻扫助蒜破膜出苗，未破膜的可用筷子或铁丝钩在苗顶破口让苗伸出。秋播的越冬前株高 20 cm 左右，茎粗 0.8 cm，有叶 5 片以上，地上冻前浇一次冻水。

（二）鳞芽（蒜瓣），花芽分化和蒜薹伸长期管理

"退母"后鳞芽（蒜瓣）和花芽（蒜薹）开始分化，需水肥最多，应每隔 5~7 天浇一次水，在蒜薹未伸出叶鞘之前，结合浇水，每亩追施氮肥（N）4 kg（折尿素 8.7 kg 或硫酸铵 16 kg），钾肥（K_2O）2 kg（折硫酸钾 4 kg）。蒜薹伸出后连浇两水，抽薹前 5~7 天停止浇水。

蒜薹伸出叶鞘 7~15 cm，蒜薹尖端自行打弯呈"秤钩"形，总苞辩白，于晴天下午假茎叶片萎蔫时抽薹。

（三）鳞茎（蒜头）膨大期管理

抽薹后，应每隔 3~5 天浇一小水，降低田间温度，叶面喷施 1%磷酸二氢钾 1 次。收获前 5~7 天停止浇水。

七、收获鳞茎（蒜头）

收鲜蒜头作腌渍用，可在抽薹后 10~12 天收获；收干蒜应在叶片枯黄，假茎松软植株回秧时收获，过早减产不耐储藏，过晚蒜头易松散脱落。

八、储藏

蒜收后，立即在地里用叶盖蒜头，晾晒 3~4 天，严防雨淋，当假茎和叶干枯时，可编辫挂在通风干储藏，也可将蒜头留梗 2 cm 剪下，去掉须根，按级装箱，经预冷后入冷库，在−2~0℃，相对湿度 60%条件下储藏。

九、病虫害防治

各种农药要严格遵守安全间隔期。

（一）物理防治

用糖、醋、酒、水、90%敌百虫晶体按 3∶3∶1∶10∶0.5 比例配成溶液，每 150~200 m² 放置一盆，随时添加药液保持不干，诱杀种蝇类害虫。

（二）根蛆防治

1. 喷洒

成虫盛发期或蛹羽化盛期，在田间喷 15%锐劲特悬浮剂 1 000~1 500 倍液，或顺垄撒施 2.5%敌百虫剂，每亩撒施 2~2.5 kg，或9—11 时喷洒40%辛硫磷乳油 1 500 倍液，或 2.5%溴氰菊酯乳油 2 000 倍液。

2. 灌根

在大蒜烂母期和蒜头膨大期分别进行药剂灌根防治，选用 48%乐斯本乳油 500 mL，或 1.1%苦参碱剂 2~4 kg，或 50%辛硫磷乳油 1 000 mL，或 20%吡·辛乳油（韭保净）1 000 mL，稀释成 100 倍液，去掉喷雾器喷头，对准大蒜根部灌药，然后浇水。若随浇水滴药灌溉，用量加倍。

（三）防治病害

1. 叶枯病

大蒜返青后用 5%施保功可湿性粉剂 1 500~2 500 倍液喷雾。

2. 紫斑病

发病初期,用 75% 百菌清可湿性粉剂 500~600 倍液,或 64% 杀毒矾可湿性粉剂 500 倍液,或 58% 甲霜灵锰锌可湿性粉剂 500 倍液喷雾,7~10 天 1 次,连喷 2~3 次。

3. 锈病

发病初期,用 20% 三唑酮乳油 2 000 倍液,或 25% 敌力脱乳油 3 000 倍液,获 70% 代森锰锌可湿性粉剂 1 000 倍液加 15% 三唑酮可湿性粉剂 2 000 倍液喷雾,10~15 天喷 1 次,连喷 1~2 次。

4. 霉斑病

用 65% 代森锰锌可湿性粉剂 400~600 倍液于发病初期喷雾,7~10 天 1 次,连喷 2~3 次。

5. 病毒病

(1)发病初期用 1.5% 植病灵乳剂 1 000 倍液,或 20% 病毒 A 可湿性粉剂 500 倍液,或 0.5% 抗毒剂 1 号水剂 250~300 倍液喷雾,10 天喷 1 次,连喷 2~3 次。

(2)用 0.5% 抗毒剂 1 号水剂 250 倍液灌根,每株灌药 50~100 mL,10~15 天 1 次,连灌 2~3 次。

第八节　茴香绿色生产技术

一、品种选择

选用优质、高产、适应性广、抗病虫性强、抗逆性强、商品性好的茴香品种。

二、种子特殊要求

不得使用转基因茴香品种。

三、种子处理

将种子水浸 24 h，冲洗至水清为止，捞出稍晾，于 20～22℃ 处催芽。

四、培育无病虫壮苗

（一）育苗场地

除球茎茴香需育苗外，其他品种可直播。育苗场地应与生产田隔离，实行其中育苗或专业育苗。

（二）育苗土配制

选用 3 年内未种球茎茴香的园土与优质腐熟有机肥混合，有机肥用量不低于 30%。

（三）育苗土消毒

每平方米苗床用 50%多菌灵可湿性粉剂或 70%甲基托布津可湿性粉剂 5～10 g，与床土拌匀。

（四）护根育苗

球茎茴香直接播于营养体内，覆土 0.5～1 cm，播后浇小水，保持湿润。

（五）苗期管理

苗用茴香按苗距 3～4 cm，球茎茴香 14～15 cm，结合拔草间苗。发现病虫苗及时拔除处理，适时通风炼苗，控制温湿度防徒长。

五、定植

每亩用优质腐熟有机肥 4 000 kg 撒匀，深耕 20 cm 整平作垄。苗用茴香直播。球茎茴香 5～6 片时，按 40 cm×40 cm 定植。

六、棚室

栽培定植前宜用 45%百菌清熏蒸，棚室通风口宜用纱网密封。

七、定植后管理

（一）水肥管理

苗用茴香株高 7~10 cm，球茎茴香株高 20~25 cm 时，结合浇水，每亩追腐熟饼肥 50 kg。球茎茴香叶鞘肥大期要中耕培土，小水勤浇，提倡膜下沟灌和滴灌，禁止大水漫灌。棚室忌阴天傍晚浇水。

（二）病虫害防治

1. 猝倒病

发病初期用 64% 杀毒可湿性粉剂 500 倍液喷雾，7 天 1 次，连喷 2~3 次。

2. 立枯病

发病初期喷 36% 甲基托布津悬浮剂 500 倍液，7 天 1 次，连喷 2~3 次。

3. 细菌疫病

发病初期用 77% 可杀得可湿性微粒剂 500 倍喷雾，7 天 1 次，连喷 2 次停止用药。

4. 球茎茴香软腐病

发病初期用 77% 可杀得可湿性粉剂 500 倍液与 72% 农药链霉素可溶性粒剂 4 000 倍液交替使用，7 天 1 次。

5. 白粉病

发病初期用 15% 三唑酮可湿性粉剂 1 500 倍液雾，10 天 1 次，视病情喷 1~2 次。

6. 菌核病

发病初期用 50% 速克灵可湿性粉剂或 50% 扑海因可湿性粉剂 1 000 倍液喷雾 7 天 1 次，连喷 3~4 次。

7. 病毒病

防治蚜虫，用 10% 吡虫啉可湿性粉剂 1 500 倍液喷雾防治；发病初期喷 1.5% 植病灵或 20% 病毒 A 可湿性粉剂 500 倍液，加叶面肥，7天1次，连喷3~4次。

第九节　丝瓜绿色生产技术

一、品种选择

选用优质、高产、抗病虫、适应性强、抗逆性强、适应性强、商品性好的丝瓜品种。

二、种子的处理

用50~51℃温水浸泡20 min，或冰醋酸100倍液浸种30 min，清水冲洗干净后催芽。

1. 晒种

播前晒种2~4 h。

2. 拌种

10%磷酸三钠浸种10 min，或50%福美双可湿性粉剂拌种（用量为种子重量的3%）。

三、培育无病虫壮苗

1. 育苗土配置

用3年内为种过瓜类作物的园土与优质腐熟有机肥混合用，优质腐熟有机肥占30%左右，过筛后使用。

2. 育苗土消毒

每平方米苗床用50%多菌灵或50%甲基硫菌灵可湿性粉剂5~10 g拌匀。

3. 苗床土消毒

用50%多菌灵可湿性粉剂与50%福美双可湿性粉剂1∶1混合。或25%甲霜灵可湿性粉剂与70%代森锰锌可湿性粉剂按9∶1混合，按每平方米床土用药8~10 kg，与15~30 kg细土混合，播种时取 1/3 药土撒在畦面上，播种后，再把其余 2/3 盖在种子上。

四、定植

1. 整地施肥

每亩施用优质有机肥 4 000 kg，硫酸钾 20 kg，过磷酸钙 120 kg，尿素 10 kg，耕深 20 cm，整平，起垄，盖膜。

2. 设防虫网阻虫

棚室通风口用纱网阻挡蚜虫、斑潜蝇等害虫迁入。

3. 棚室消毒

每亩棚室用硫黄 2~3 kg，加敌敌畏 0.25 kg，拌上锯末，分堆燃放，闭棚 24 h，经放风无味时再定植。

4. 银灰膜驱避蚜虫

每亩铺设银灰地膜 5 kg 或将银灰膜剪成 10 cm × 15 cm 左右，间距 15 cm 左右，纵横拉成网眼状。

五、定植后管理

1. 肥水

前期土壤不宜过湿，定植后要进行一次浅中耕培土，中期要进行沟灌膜下暗灌，结果盛期保持较高的土壤湿度，在苗高 30 cm 时每亩可施熟淡粪水 400 kg。苗高 30 cm 以上后，可结合浇水施 1∶1 腐熟粪水 800 kg，结果盛期可追施腐熟粪水 1 200 kg。

2. 田间管理

茎蔓长 50 cm 左右要搭架，之前不留侧枝，结果后留 2~3 条早生雌花的壮侧蔓。

六、病虫防治

（一）物理防治

（1）及时摘除病虫叶和病虫果，拔除重病株，带出田外深埋或烧毁。

（2）黄板诱杀，棚室内设置用废旧纤维或纸板剪成的 20 cm × 100 cm 的板条，涂上黄色油漆，同时涂上一层机油挂在行间或株间，高出植株顶部，每亩 30 ~ 40 块，当黄板粘满美洲斑潜蝇、蚜虫时，再重涂一层机油，一般 7 ~ 10 天重涂 1 次。

（二）药剂防治

保护地优先采用粉尘法、烟熏法，在干燥晴朗的天气也可以喷雾防治，注意轮换用药，合理混用。

1. 霜霉病

（1）发病初期，用 45%百菌清烟剂 200 ~ 250 g/亩，分 4 ~ 5 处，傍晚点燃，闭棚过夜，隔 7 天 1 次，连熏 3 次。

（2）发病初期傍晚用 5%百菌清可湿性粉剂，或 10%防霉灵粉尘剂喷撒，隔 9 ~ 11 天 1 次，连喷 2 ~ 3 次。

（3）发现中心病株后，用 69%安克锰锌可湿性粉剂 500 倍液，或 64%杀毒矾可湿性粉剂 400 倍液、72.2%普力克水剂 800 倍液、72%克露可湿性粉剂 800 倍液、75%白菌清可湿性粉剂 600 倍液喷雾，隔 7 ~ 10 天 1 次，视病情确定是否再用药。

2. 褐斑病

发病初期开始喷洒 40%甲霜铜可湿性粉剂 600 ~ 700 倍液、36%甲基托布津悬浮剂 400 ~ 500 倍液、64%杀毒矾可湿性粉剂 500 倍液。

3. 蚜虫

（1）用 22%敌敌畏烟剂亩用药 500 g，傍晚闭棚前点燃熏蒸 1 次。

（2）用 10%吡虫啉可湿性粉剂 1 500 倍液，或 2.5%功夫乳油 4 000 倍液喷雾防治。

4. 美洲斑潜蝇

当每片叶有幼虫 5 头时，掌握在 2 龄前喷洒 1.8%阿维菌素乳油 3 000 倍液、25%阿克泰水分散粒剂 5 000 倍液，也可以在成虫羽化高峰时喷洒 5%抑太保乳油 2 000 倍液，或卡死克乳油 2 000 倍液。

第五章　特色菜绿色生产技术

第一节　莴苣绿色生产技术

一、种子

选用优质、高产、抗逆性能强、适应性广、商品性好的莴苣品种。

二、种子特殊要求

不得使用转基因莴苣品种。

三、培育无病虫壮苗

（一）育苗场地
与生产田隔离。

（二）育苗土配制
用3年内未种过棉花和菊科作物的园土与优质腐熟有机肥混用，优质腐熟有机肥占30%以上。

（三）育苗土消毒
用50%多菌灵可湿性粉剂与50%福美双可湿性粉剂按1∶1混合，按每平方米床土用药8~10 kg与15~30 kg细土拌匀，2/3铺于苗床，1/3盖在种子上。

（四）苗期管理
加强苗期管理，适当放风，控制温湿度，防止徒长。定植前炼苗 7 天，发现病虫苗及时拔除，不定期到田外集中处理。

四、定植

（一）整地施肥

每亩施用腐熟优质有机肥 2 500 kg、氮肥 50 kg、过磷酸钙 50 kg、碳酸氢铵 50 kg、硫酸钾 30 kg，深翻 20 cm，土壤与肥料充分混合，整平作垄。

（二）棚室消毒

每亩棚室用硫黄粉 2~3 kg，加敌敌畏 0.25 kg，拌上锯末，分堆点燃，闭棚 24 h，经放风无味时再定植。

（三）设防虫网阻虫

棚室通风口用尼绒网纱密封，阻止蚜虫等害虫迁入。

（四）黄板诱杀

将纤维板或纸板剪成 100 cm × 20 cm 的板条，涂上黄色油漆，再涂上一层机油，置于株行之间，高出植株顶部，每亩设置 30~40 块，可诱杀蚜虫、白粉虱和斑潜蝇，当板上粘满蚜虫时，再涂一次机油，一般 7~10 天重涂 1 次，或更换黄板。

五、植管后管理

（一）浇水

及时浇水，1 ~ 12 叶时前保持地面见湿、见干，14 ~ 16 叶时期，浇水量适当加大。

（二）追肥

14~16 叶期叶面喷施叶菜专用肥，7 天 1 次，连喷 3 次。

（三）病虫害防治

1. 锈病、白粉病

发病初期用 15% 三唑酮可湿性粉剂 1 500 倍液喷雾 1~2 次。

2. 病毒病

（1）防治蚜虫，用 10% 吡虫啉可湿性粉剂 1 500 倍喷雾 1~

2 次。

（2）发病初期喷施 20%病毒 A 可湿粉剂 1 500 倍液，7 天 1次，连喷 3 次。

3. 霜霉病

发病初期喷洒 64%杀毒矾 500 倍液或 58%甲霜灵锰锌可湿性粉剂 500 倍液，7 天 1 次，连喷 2~3 次。

4. 褐斑病、黑斑病

发病初期开始喷洒 75%百菌清可湿性粉剂 1 000 倍液加 70%甲基托布津可湿性粉剂 1 000 倍液，或 50%扑海因可湿性粉剂 1 500倍液，隔 10 天 1 次，连喷 2~3 次。

5. 灰霉病、菌核病

发病初期用 50%速克灵可湿性粉剂 2 000 倍液或 50%扑海因、50%乙烯菌核利可湿性粉剂 1 000 倍液，7 天 1 次，视病情连喷 2~3 次。

6. 茎腐病

发病初期用 72%农用链霉素可溶性粉剂 3 000 倍液喷雾防治。

7. 甜菜夜蛾、菜青虫

卵孵化盛期用 Bt 乳剂 200 倍液，或用 5%卡死克乳油 2 000 倍液喷雾防治。

第二节　芦笋绿色生产技术

一、品种选择

植株抗性强，嫩茎抽生早，数量多，肥大，上下粗细均匀，顶端圆钝而鳞片紧密，在较高温度下笋头也不易松散，见光后呈淡绿色，采收绿笋的嫩茎见光后呈深绿色，常用的品种有玛丽华盛顿、巨大新泽西等。

二、育苗

（一）时间

芦笋的播种期，因各地气候条件而异，一般露地在终霜后播种育苗。

（二）场所

露地育苗，选排水、透气良好的沙质壤土，易发苗，起苗。

（三）苗床准备

将苗床地深翻 25 cm 左右，每亩施优质腐熟基肥 5 000 kg，与土混匀，整平作畦，畦宽 1.2~1.5 m，长 10~15 m。

（四）种子处理

1. 浸种

先用清水漂洗种子，再用 50%多菌灵可湿性粉剂 300 倍液浸种 12 h，消毒后将种子用 30~50℃ 温水浸泡 48 h，期间每天换 1~2 次。

2. 催芽

用干净温布包好，在 25~28℃ 环境中催芽，每天用清水淘洗 2 次，当种子 20%左右露芽时，即可进行播种。

3. 播种

播种前浇足底水，按株行距各 10 cm 划线，将催好芽的种子单粒点播在方格中央，用细土均匀盖 2 cm 即可。

（五）播后管理

（1）播后防治蝼蛄、蛴螬等害虫，可用 40%辛硫磷乳油 50 g 兑水拌 5 kg 麦，撒施田间防治。

（2）幼苗出齐后及时清除杂草，苗期用 N、P、K 各 15%的复合肥 1.5 kg/m^2，撒施后浇水。

三、定植

整地施肥，选苗分级。

（一）定植苗标准

苗高 30 cm、有 3 条以上地上茎、7 条以上地下贮藏根。

（二）定植方法

栽时将幼苗地下茎上着生鳞芽的一端按沟的走向排列，以便以后抽出嫩茎的位置集中在畦的中央，而利于培土，将幼苗的贮藏根均匀展开，盖土稍压，浇水后再松土 5~6 cm，定植后从抽生幼茎时开始每隔半个月覆土 1 次，每次 3~5 cm，最后使地下茎埋在畦面下约 15 cm 处。

四、病害防治

（一）茎枯病

（1）冬前彻底清园，烧毁病株残体，压低初侵染菌源量。

（2）推行配方施肥，多施有机肥，增施钾肥，注意中耕除草，抗旱排涝。

（3）发病地块每 7 天左右用 70%甲基托布津可湿性粉剂 800 倍液，40%复方多菌灵可湿性粉剂 200 倍液和 40%SP18701 农药 300 倍液交替喷施。

（二）褐斑病

用 75%百菌清可湿性粉剂 700 倍液、40%复方多菌灵可湿性粉剂 400 倍液防治。

（三）根腐病

增施有机肥，增强植株抗病能力，发现病株及时挖出，并用 20%石灰水灌病穴或 70%敌克松可湿性粉剂进行土壤消毒。笋田做好排水工作可减轻病害发生。可向根部喷洒 70%甲基托布津可湿性粉剂 800 倍液，或 50%多菌灵可湿性粉剂 500 倍液。

五、虫害防治

（一）小地老虎、蝼蛄、蛴螬、金针虫、种蝇

（1）认真清园，彻底清除杂草，严禁施用未充分腐熟的有

机肥。

（2）早春在成虫活动期间用黑光灯或糖醋毒液（糖 6%+醋 3%+酒 1%+敌百虫 90%）进行诱杀。

（3）用 40%辛硫磷 50 g 加水拌 5 kg 麦麸撒施田间防治。

（二）芦笋木蠹蛾

人工抓茧除蛹，利用成虫的趋光性和趋化性，进行灯光诱杀和糖醋液诱杀，将萎蔫植株拔出，消灭幼虫。

六、采收

（1）采收白笋于每天早晨巡视田间，发现土面有裂缝，即可扒开表土，按嫩茎的位置插入采笋刀至笋头下 18～20 cm 处割断，不可损伤地下茎及鳞芽，采收后的空洞应立即用土填平。

（2）采收绿笋于每天早上将高达 21～24 cm 的嫩茎齐土面割下。

第三节　苦瓜绿色生产技术

一、品种选择

选用优质、高产、抗病虫、抗逆性、商品性好的苦瓜品种。

二、种子处理

用 55%双氧水浸种 3 h，用清水冲后播种，或用 2.5%适乐时悬浮种衣剂包衣（用量按种子重量的 0.4%～0.8%）。

三、培育无病虫壮苗

（一）育苗土配制

用 3 年内未种过瓜类作物的园田土与腐熟优质有机肥混合，有机肥占 30%以上，过筛后使用。

（二）育苗床消毒

用50%多菌灵可湿性粉剂与50%福美双可湿性粉剂1∶1混合，按每平方米床土用药8~10 g与15~30 kg细土混合，播种时取1/3药土撒在畦面上，播种后再把其余2/3撒施。

（三）护根育苗

将苗养药土加入营养钵，浇透底水，播种盖膜育苗。

（四）苗床管理

出苗前保持30~35℃，出苗后保持25~30℃，盖2次细土，并注意保湿，定植前炼苗，发现病虫苗及时拔除。

（五）整地施肥

整地施肥，每亩用优质腐熟有机肥3 000 kg，硫酸钾25 kg，过磷酸钙50 kg，耕深20 cm，整平，起成20~24 cm高垄。

四、定植后管理

（一）肥水管理

定植后及时浇缓苗水，结果前一般不浇水，每亩追施腐熟饼肥50 kg，结果盛期缩短肥水间隔，保持地面湿润，并及时排除积水。

（二）辅助授粉

10时前后用荷是熊蜂或进行人工授粉。

五、病虫防治

（一）物理防治

1. 设防虫网阻虫

棚室通风口用尼龙网纱封闭，防止蚜虫、斑潜蝇等害虫迁入。

2. 银灰膜避蚜虫

田间每亩铺银灰地膜5 kg或将其剪成10~15 cm宽的条。间距15 cm左右，纵横拉成网状。

3. 棚室消毒

每亩棚室内用硫黄2~3 kg，加敌敌畏0.25 kg，拌上锯末分堆燃放，闭棚一昼夜，经放风无味时定植。

4. 黄板诱杀

将纤维板或板剪成 100 cm × 20 cm 的板条，涂上黄色油漆，再涂上一层机油，置于株行之间，高出植株顶部，每亩设置 30～40 块，可诱杀蚜虫、白粉虱和斑潜蝇，当板上粘满蚜虫时，再涂一次机油，一般 7～10 天重涂 1 次，或更换黄板。

（二）药剂防治

1. 枯萎病

发现病株及时拨除，病穴及邻近植株灌淋 50% 多菌灵可显性粉剂 1 500 倍液，或 36% 甲基托布津悬浮剂 400 倍液，或 20% 双灵水剂 250 倍液，每株灌药液 0.5 L。

2. 白绢病

发现病株及时拨除、烧毁，病穴及其邻近植株灌淋 5% 井冈霉素水剂 1 000～1 600 倍，或 20% 甲基立枯磷乳油 1 000 倍，或 90% 敌克松可湿性粉剂 500 倍液，每株（穴）淋灌 0.4～0.5 L。

3. 炭疽病

（1）烟雾法，用 45% 百菌清烟剂 250 g/亩，熏烟。

（2）粉尘法，于傍晚每亩喷撒 8% 炭灵粉尘剂或 5% 百菌清粉尘剂 1 kg。

（3）发病初期喷洒 50% 甲基托布津可湿性粉剂 700 倍液，或 70% 百菌清可湿性粉剂 700 倍液，或 2% 农抗 120 水剂或 2% 武夷菌水剂 200 倍液喷雾。

4. 病毒病

（1）防治蚜虫，用 10% 吡虫可湿性粉剂 1 500 倍液，或 2.5% 功夫乳油 4 000 倍液，或 25% 阿克泰水分散粒剂 5 000～10 000 倍液喷雾。

（2）喷洒 1.5% 植病灵乳剂 1 000 倍液，或抗毒剂 1 号 300 倍液，或 20% 病毒 A 可湿性粉剂 500 倍液。

5. 蚜虫

用10%吡虫可湿性粉剂1 500倍液，或2.5%功夫乳油4 000倍液，或25%阿克泰水分散粒剂5 000~10 000倍液喷雾。

6. 蓟马

用10%吡虫啉可湿性粉剂1 500倍液或1.8%阿维菌素乳油3 000倍液喷雾防治。

第四节　食用仙人掌绿色生产技术

食用仙人掌原产于美洲，是一种新型自然保健蔬菜，其肉质茎片中含有丰富维生素，对现代人的"富贵病"如高血压、高血脂、心脑血管病有一定的保健作用。食用清香可口，口感脆嫩，微酸，风味独特，深受消费者欢迎，石家庄市马庄、孤庄村等已有种植，经济效益十分可观。

一、食用仙人掌特征特性

食用仙人掌属于仙人掌科仙人掌属植物，长高可达2~3 m，茎基部木质化，上有分枝、肉质部为手掌状，扁平，掌片一般长10~40 cm，宽10~20 cm，有短刺或无刺。喜干燥，爱光热，怕湿，耐贫瘠，生长期10~15年。

二、栽植技术

（一）栽前准备

首先选择地势高燥排水方便的地块建造大棚或日光温室。土质以沙壤为佳。若土质过黏可掺入沙土。亩施腐熟有机肥5 000 kg，耕翻后作畦，起垄栽培，南北走向，一般垄高15~20 cm，垄距80 cm，垄面40 cm，呈脊背状。

（二）栽植时间

食用仙人掌在0℃以上的环境下基本一年四季均可栽植，但以春秋两季为最佳种植时间。

（三）栽植密度

在垄面上栽植一行，株距 30~35 cm，或栽成两行，行宽 20 cm，每亩栽植 2 500 株左右为宜。

（四）掌片繁殖

由于仙人掌开花结籽周期长，繁殖系数低，因此多采用掌片进行无性繁殖，掌片无论老嫩均易成活。而嫩掌片栽植后还需要一段自身生长发育的过程才能长出幼掌，所以应尽量选绿色厚实的长 25 cm、宽 12 cm、厚 1 cm 以上的掌片为好。掌片剪下后，剪口在 40% 的可湿性多菌灵粉上直接蘸一下，然后再晒 1~2 天栽植在疏松的基质中。一般掌片插入的深度为掌片高度的 2/5，掌片的长轴以南北为宜。栽植时，若土壤比较湿可不浇水，若干燥宜适量浇水，但不可有积水现象。月平均气温在 20℃ 时 7~10 天即可生根，生根后即转入正常管理。

三、栽后管理

（一）温室管理

食用仙人掌喜干怕湿，喜热怕冷，因此，创造一个适宜的生长环境是食用仙人掌管理的关键。食用仙人掌的生长温度以 20~32℃ 为宜。20℃ 以下生长缓慢，0℃ 以下基本停止生长，最低临界温度为 0℃。老掌片可耐短暂 -3℃ 低温。当日最低温度下降到 5℃（霜降前）及时扣棚。盛夏 35℃ 以上时生长缓慢呈休眠状态，应及时选用遮阳网挡光降温。

食用仙人掌生长季节不同，对水分要求也不同。寒冷季节生长缓慢或进入休眠，在保持土壤稍微湿润的情况下可不浇水；温暖季节仙人掌生长旺盛，就要充分浇水。夏天高温期要选择在早晨和傍晚进行浇水。长期高湿环境会使仙人掌烂根而引起掌片腐烂，因此要根据气候、土壤墒情，控制好土壤含水量是日常管理的主要措施。

（二）施肥

仙人掌栽植前，要施足肥，一般亩施优质粗肥5 000 kg、磷肥100 kg、硫酸钾30 kg、尿素25 kg作底肥。在仙人掌生长旺期，结合浇水，每亩追施尿素8~10 kg。盛夏或冬季生长慢的季节可不施或少施。

（三）病虫害防治

仙人掌病虫害很少，在湿度过大时，有根腐病发生及地下害虫危害幼掌，可采用降低地下水位，减少土壤含水量（中耕等措施），严重时可用65%可湿性代森锌500倍液或70%可湿性甲基托布津1 000倍液喷治。对掌片已部分腐烂的植株要连根挖下，把腐烂部分切下来，再用40%的可湿性多菌灵干粉处理好掌片伤口，晒两天后再重新栽植。

（四）清除杂草

仙人掌于草本植物，要采用勤中耕松土的方式控制或除掉杂草，一般不施用除草剂，以免造成药害。

四、采收

食用仙人掌生长较快，在正常温度下长出幼掌15~20天即可作为蔬菜采收上市，即当掌面的肉刺退化一半时采收较适宜，采收早产量低，采收过迟酸度高，口感差。采用时用剪刀在两掌之间的结合部剪下（不要用手掰），一般栽植后30~40天就可采收第一批菜片，以后每30天左右采收1次，每亩一年可采8 000~10 000 kg。

第五节 菊苣绿色生产技术

菊苣为菊科苣属多年草本植物，原产地中海、亚州中部和北非。菊苣多以嫩叶、叶球和软化栽培后的芽球食用，可凉拌，也可作火锅配料或炒食，因其含有马栗树皮素、野莴苣甘、山莴苣苦素等物质而略带苦味，并有清肺利胆之功效。

一、菊苣的生育特性

菊苣属半耐寒性蔬菜，地上部能耐短期的 $-2 \sim -1℃$ 的低温，而其直根具有较强的抗寒能力。植株生长所要求的温度以 $17 \sim 20℃$ 为最适，超过 $20℃$ 时同化机能减弱，超过 $30℃$ 时所积累的物质大多被呼吸所消耗，但处于幼苗期的植株却有很强的耐高温能力，菊苣在营养生长旺期需要较强的光照，软化栽培则需要黑暗条件。菊苣属低温长日照作物。在低温条件下可过春化作用分化花芽，在长日照条件下可抽薹开花。因此菊苣可露地栽培或软化栽培。

二、菊苣的品种类型

（一）甜叶菊苣

形如包心大白菜，叶片肥大，且叠抱成长筒形。外部叶片绿色，内部黄绿色，叶柄基部白色，单株重 1 kg 左右，成熟早，质地脆，食时略有苦味。

（二）割叶苣

叶柄细长，叶片长椭圆形，成熟晚，耐低温能力强，该品种以收割幼嫩的叶片作菜用，能陆续供应市场。

（三）散生叶菊苣

因叶苦味过浓，且质硬，不堪食用，但其软化栽培后脆而嫩，叶为白黄色。

（四）矮生塌地菊苣

形状与矮萁青菜相似，叶片全绿，植株矮，晚熟，可露地越冬。植株幼小时可整株采取。也可割叶食用。

三、播种

菊苣宜选择土质疏松、排水良好、土壤肥沃的田块种植。播种前要施足底肥，亩施粗粪 5 000 kg，磷肥 100 kg，硫酸钾 25 kg，尿素 20 kg，深耕 25 cm，可于春、夏、秋三季，并选择不同品种分期播种，供四季食用。畦宽 1.8 m 种 3 行，株距 25 cm。每亩用种 200~250 g，可条播或穴播，方法同大白菜种植。起垄种植。

四、田间管理

应在幼苗出齐和定苗前保持田间土壤温润，及时中耕除草，提高地温。苗期 1 个月，幼苗 2~3 叶时间苗，5~6 叶可移栽或定苗，软化栽培品种在菊苣生长期一般不追氮肥，否则叶片肥大层过厚，不利于肉质根的形成。菊苣在肉质根迅速膨大后要增加浇水次数。

菊苣在长期很少发生病虫害，主要虫害有白粉虱，在白粉虱发生初期用 25% 扑虱灵可湿性粉剂 1 500~2 000 倍液或天王星乳油 2 000~3 000 倍液分别交替喷雾防治。

五、菊苣软化栽培技术

（一）生长时间

菊苣软化栽培宜 4 月中旬播种，生长期按排在夏、秋季节，以便在冬前形成莲座叶和肥大的肉质根，并在入冬后割去莲座叶。一般在离根际 1.0~1.5 cm 的根叶交接处割除较为合适。叶留的太短，则易损坏生长点；留得过长则在软化栽培期间易腐烂。

（二）收获后贮藏

收获时割除叶丛后，将肉质根留长 20 cm 左右，过长的部分切除，然后在田间晾晒几天，让切口愈合，并随天气转寒将肉质根贮藏于窖内，以备陆续囤栽使用。

（三）囤栽床准备

选择温度能稳定在 8~20℃ 的塑料大棚、日光温室或空闲房舍内，用洁净的粗河沙作栽培基质，铺成 30 cm 厚的囤栽床，平整后待用。

（四）囤栽方法

软化培育时，先挖一深沟约 20 cm 作软化床，将晾晒好的肉质根放入沟中，根际间距 2 cm，竖直排好，然后培细土，并将根头部露出床面 2 cm，然后一沟挨一沟码埋。码好后立即浇一透水，浇后 2~3 天插小弓棚架覆盖黑色塑料膜，创造黑暗条件以软化叶片。

（五）囤栽后管理

囤栽后床内气温控制在 15~20℃，20~25 天后可形成芽球；若温度 10~20℃，则需 30~40 天；若温度高形成的产品时间短，但芽球松散，商品质量下降。由于床内蒸发量小，收获前一般不再浇水，并避免高温高湿，引起芽球霉烂。

（六）收获

软化栽培的菊苣黄长到 15 cm 左右，即可收割上市。收割后去掉根部附着的土壤，剥掉褐色或脏损的叶片，进行包装后待售。

六、其他

甜叶菊可在严冬来临之前延迟收获，11 月初就已包心，包心紧实后应尽早采收，这样品质较佳。割叶菊，从定植活棵长出新叶后就可割叶，然后半月左右又能重复收割。矮生塌地菊苣，可于幼小时整株采收，也可不断剥叶食用，直至越冬。散生叶菊苣，其叶不堪食用，越冬时割除其丛叶用其根茎作软化栽培。

第六节　芦荟绿色生产技术

芦荟是百合科芦荟属多年生常绿多肉质草本植物。它原产非洲热带干旱地区，目前野生品种 300 多个，自然变异和人工杂交的品种 200 多个。芦荟具有止痛、消炎、消肿、抗溃疡、消痕、助眠、强身、清胃、干燥、防肿瘤等功效。芦荟所具有的食用、医疗、美容、保健、观赏等多种效果，目前被世人称为"万能草药""家庭医生""天然美容师""青春之泉"等美称。

一、芦荟的生物学特性

芦荟为多年生肉质草本，短茎或无地上茎，叶簇生，螺旋状排列，呈座状或生于茎顶，叶长直立或狭披针形或短宽，边缘有刺状小齿。花序为伞形等，花呈橘红色、黄色等，蒴果三角形，开花后很少结籽。

芦荟耐炎热，耐干旱，怕低温，怕阴湿。它根系发达，叶片肥大，叶上下表皮有很厚的角质层，可以有效的阻止水分蒸发。但它喜欢"七分阳，三分阴"的生长环境。

芦荟生长最适宜温度为 $25 \sim 30 {}^{\circ}\text{C}$，夜间最适宜温度 $14 \sim 17 {}^{\circ}\text{C}$；温度低于 $10 {}^{\circ}\text{C}$ 停止生长；温度 $0 \sim 5 {}^{\circ}\text{C}$ 生长衰弱，易感染病害，根部腐烂，造成大面积死亡；低于 $0 {}^{\circ}\text{C}$ 就会发生冻害。热损伤的极端高温值为 $50 \sim 55 {}^{\circ}\text{C}$。

芦荟有极强的忍耐和抗旱能力，将芦荟拔出晾晒半年后，叶片卷缩，根系干枯，但栽到地里后，它可重新生根长叶，恢复正常生长。

二、芦荟保护地栽培和管理

石家庄市年平均气温 $12.5 {}^{\circ}\text{C}$，年极端最高气温 $41 {}^{\circ}\text{C}$，年极端最低气温 $-22 {}^{\circ}\text{C}$，在石家庄市种植芦荟可越夏，但不能越冬，所以不能露地栽培，必须在温室内种植，这样就增强了芦荟的防虫能力，防霜防冻，防雨防涝，一年四季都可采收，实现周年生产。

（一）增施基肥，改良土壤

要选择避风向阳、排水方便、土壤疏松、土层深厚、含沙量 35% 以上的温室最为理想。芦荟是多年生植物，一年收多茬，生长时间长，产量高。每亩须施用优质圈肥 $2\,000 \sim 3\,000$ kg，切勿施用生粪和未腐熟的厩肥，为确保芦荟高产打下基础。

（二）选用良种，培育壮苗

目前比较优良的品种主要有库拉索芦荟、中国芦荟、上农大叶芦荟、木立芦荟等。

在选用优良品种的基础上，还要选用壮苗。壮苗的标准是：株高 25 cm，茎短缩、叶色深，叶片厚，有 6~8 片叶，带自生根 4~5 条。如利用试管苗可通过一段时间的囤苗和炼苗，长到一定高度后再移栽温室内。一般品种的繁殖很少使用种子，多以根部发出的吸芽或茎基部发出的侧芽枝进行无性繁殖，为加速繁殖种苗，先摘除顶芽，待侧芽从根部发出后，选择合适壮苗，从母株上分离。

（三）适时定植，合理密植

芦荟在保护地的最佳定植时间是在春天断霜以后，要求气温稳定在 15℃以上。秋季定植则应尽量提前，以 9 月下旬至 10 月中旬较为适宜。在春秋两段时间定植，地温适宜，芦荟发根快，缓苗时间短。特别秋季，适当早定植，芦荟缓苗期短，可以在严冬来临之前，使植株进入健壮生长时期，对增加芦荟抗寒性，安全越冬比较有利。

定植前可在垄间铺上黑地膜，可提高土壤温度，抑制杂草生长，促进芦荟根系发育，减少水分蒸发，缩短缓苗时间 5~7 天。

芦荟的种植密度，因品种而宜。如栽培库拉索芦荟、中国芦荟、皂质芦荟等叶片高大的品种，行距以大小行为宜，小行行距 80 cm，株距 70 cm，大行间距 90 cm。

定植后 15~20 天就可缓苗。在幼苗定植初期，芦荟变成黄褐色，甚至红色，叶子干缩，这是正常现象。为加速缓苗，定植后浇一透水，并利用遮阳网。一旦缓苗后，叶片日趋饱满，心叶开始生长，颜色变成翠绿，然后进入快速生长期。

（四）适量追肥，合理浇水

芦荟要良好生长、需大量、中量和微量之协调平衡，一般每年 3 月或 10 月要追施一次复混肥，每月喷一次叶肥。

芦荟在苗期和越夏期特别怕水渍，一旦出现水渍现象，几天后就可引起芦荟根系变黑，烂根，甚至死亡。

芦荟耐旱怕涝，但不能忽视合理灌溉，有条件时最好喷灌。除土壤水分外，棚室相对湿度保持在 60%~70% 比较适宜。

（五）加强管理、防治病虫

在芦荟生长过程中，浇水后要及时中耕，保持土壤墒情，使土壤疏松、松气，并及时锄掉杂草，杜绝使用除草剂，给芦荟生长创造一个良好的地上和地下环境。

早期的叶片一旦老化，要及时清除，以免烂掉引起植株病害。对田间长出的芽，要根据情况灵活处理。若要扩大种植面积，则可将吸芽留住，培育成种苗，当幼苗长至 15 cm 时，即可将其分出，另行移栽。

芦荟本身对病虫害的抗性相当强，尤其在其生长过程中，很少有病虫。如连续阴雨，持久高温烈日或高温高湿，土壤积水，会使芦荟生长受到影响，要注意防止烂苗或害虫，要及时用 800 倍敌克松或 1 000 倍液多菌灵或 600 倍液代森锰锌喷雾防治。

（六）防寒保暖，安全越冬

芦荟在整个生长过程中，都不能忍受冷冻的侵袭，所以在温室内种植的芦荟，在冬季来临后，要及时晚上加盖草苫，白天棚内温度不宜低于 10℃，晚上不宜低于 5℃。如遇连续降雪或大风降温天气，要增设其他棚室增温防寒措施，以确保芦荟的正常生长。

（七）精细管理，及时采收

温室大棚栽植芦荟后，可实现芦荟的周年生产。但它升温快，温差大；白天顶棚温度高，中下部低，芦荟生长易形成中间大、两边小的现象；温室内还可发生 CO_2 障碍。因此温室生产要配以遮阳网，晚上增温设备，温室一侧加盖小屋，另一侧加大墙体厚度，冬季释放 CO_2 等设备，以确保芦荟的正常生长。

芦荟是种一次收几年的植物。在盛产期每亩可产 8 000 kg 左右鲜叶。芦荟每年可长 8~10 片叶，两年可长 16~20 片，只要保证顶端留足 12 片叶，底部鲜叶重在 250 g 以上就可采收。芦荟叶是轮生的，呈螺旋状排列，每年每株可采收 8~10 片，一般在春夏秋每月采收 1 次，冬季生长较慢要减少收获次数。

采收芦荟叶片时要十分小心，尽量使叶片完整无损，并保留少量叶鞘，缩小采收叶片伤口，以提高芦荟贮藏性能。

第七节　黄豆芽绿色生产技术

一、传统生产方法

（一）生产场地

根据黄豆芽生长所需的环境要求，生产场所应选择隔热、保温、不受阳光直接照射、空气流通稳定、有充足洁净的水源和良好排水系统的房屋。可根据自身情况，因地制宜地建造房屋或对旧房舍加以改造作为豆芽生产场地。

（二）培育容器

可根据生产量选择大小适宜的木桶、缸、水泥槽、塑料桶等，要求上面敞口，便于操作；四周密封，不透光，不透气；底部有排水孔，要求能顺利均匀浇淋水，并能及时排出、排净。

（三）浇水工具

可选用细眼喷壶，或将装有淋喷头的皮管直接接在自来水或水泵上进行浇淋，浇淋要求出水均匀，冲力小。

（四）其他工具

覆盖容器口用的蒲包、麻袋、毛巾或多层纱布，淘洗豆种用的竹箩、竹筐。

（五）加温设备

冬季生产，室内环境和浇淋用水需加温，可选用煤炉、电热器、空调等。

（六）培育室、器具消毒和清洗

培育室和器具要求清洁、卫生、无污染，在使用前，必须进行消毒冲洗。

容器、器具消毒：用 0.2% 漂白粉或 0.1%～0.5% 高锰酸钾浸泡、洗刷，再用清水漂洗3次，擦干暴晒。

培育室消毒：清扫、冲洗干净后，熏蒸消毒。先将门、窗密封，按1 m² 1 g硫黄的量，放在陶瓷器中，燃烧熏蒸；或用3.7 g/L浓度的甲醛喷雾室内后，密封熏蒸4~12 h。

进入豆芽房的工作人员要洗手，换干净工作服，不得将油污、病菌带入房内。

（七）选种

生产黄豆芽应选择成熟、颗粒饱满、发芽率高、发芽势强的种子。

1. 目测

颗粒饱满，表面光滑，有光泽，种脐黄白或淡褐色，无病虫害，无机械损伤，无杂质。

2. 检测

（1）可做芽率试验。

（2）染料鉴定。用0.2%靛洋红浸泡豆种15 min，胚被染上红色为死种子，未被染上红色为活种子。

（3）荧光鉴定。将豆种纵切，放在紫外线荧光灯下照射，死种呈黄色、褐色或无色，带有褐斑或黑斑；活种则发出蓝色、紫色或蓝绿色明亮的荧光。

黄豆种子寿命一般为1~2年，但贮藏好的黄豆种子寿命可达4~5年。贮藏方法：将豆种晾干，装入布袋或麻袋中，用磷化铝熏蒸，杀死虫卵，置低温、干燥处贮藏。贮藏时应注意不能与化肥、农药、机油、柴油等存放在一起。

（八）浸种

将选好的豆种过筛，却除瘪籽、破粒、虫蛀粒、杂质，倒入箩或筐中，浸在水中，搅拌，淘洗，漂去杂质，再用清水淘洗2次，同时，剔除嫩种、破粒，冲洗，沥干水后倒入容器内，加入与干豆种等量的洁净的水，水温控制在25℃左右，浸泡2~4 h（若水温低，则浸种时间可延长到6~8 h），其间每小时兜底翻1次，保证上下浸透，豆种吸胀均匀。待水基本吸干，半数以上豆种种皮发胀，但未开裂，豆瓣心有硬块，浸种结束。将豆种捞起，装入竹筐，清水漂洗 2 次，滤去水，装入尼龙袋中催芽。

（九）催芽

将豆种放入培育容器中，用 20~25℃ 温水（水温不可过高，也不可过低）冲淋，用干净的麻袋、蒲包等物盖严，做到保温、避光，防止豆芽受热、受冷。此时环境温度控制在 25℃ 左右，不能过高或过低，以免伤芽。每 4~5 h 用温水冲淋 1 次；约 24 h 后，芽长 1~1.5 cm，取出豆种倒入竹筐中漂洗 2~3 次，沥干水，转入培育阶段。

（十）培育

将催好芽的豆种倒入消毒，洗净的容器中，铺平，豆种厚度为 20 cm，浇一次透水。浇水有喷淋方式和灌水方式两种。喷淋时要求整个容器内豆芽全部淋透，使容器下部流出的水温与淋入的水温接近；灌水时是水沿容器壁淋下，溢过豆面后慢慢全部排出，但不能积水，而且需要重复两遍。喷淋的水温控制在 20~25℃，不可忽高忽低，以后每 4~6 h 喷淋 1 次，浇淋水要求浇匀、浇透、浇足。浇水时，将容器口上覆盖物揭开，并清洗干净，浇水后，再把容器口盖严，覆盖目的是既保温、避光、保湿，又减少二氧化碳的扩散，调节容器内二氧化碳与氧气的含量，提高豆芽的营养成分，增进品质。春、秋气温较适宜豆芽生长；夏季气温高，可用冷水喷洒室内，喷淋豆芽，并注意通风降温；冬季气温低，可采取关闭门窗、生炉子等措施提高室温，喷淋的水应加入热水调成温水再用。

无根黄豆芽，即无须根，只有秃头的胚根的豆芽。生产方法是在豆芽生长过程中，通过使用植物激素——无根豆芽药剂抑制胚根及初生根的生长，促进胚轴粗壮，使得产品颜色白嫩，食用方便，且营养成分较普通豆芽有不同程度提高，豆芽食用率也会提高 15%~20%。

在生产无根豆芽时，应选择符合我国卫生部颁发的《食品安全性毒理学评价程序》（GB 15193.1—2014）的要求，并经卫生部审查批准登记的药物。现介绍两种药剂的使用方法。

1. NE-109

白色粉末，易溶于水，性质稳定，长期存放不变质，高效，易生物降解，对人、畜安全，对鱼类无害。NE-109 是经食品卫生测定和技术鉴定，符合国家《食品安全性毒理学评价程序》要求的生产无根豆芽的药剂。

在生产黄豆芽时，使用 NE-109 的 1 号和 2 号药，在培育过程中，药剂处理两次，方法如下。

第 1 次用药：当豆芽平均长为 1.8 cm 时，用 1 号药每包加水 50~75 kg 配成水溶液。水温控制在 25℃ 左右，结合豆芽淋水，药液满过豆面，使豆芽浸泡 1 min 后排去药液。一般 1 kg 黄豆用药液 5 kg 左右。2~5 h 后继续淋自来水或井水等。

第 2 次用药：当芽平均长为 5 cm 时，用 2 号药 1 包加水 50~60 kg。水温控制在 25℃ 左右，结合淋水，浸泡 2 min。一般 1 kg 黄豆用药液 6 kg。2~3 h 后淋水，进行正常管理。

2. 无根黄豆芽灵

（1）泡豆法。用 1 支 2 mL 黄豆芽灵加水 5 kg，将筛选、淘洗好的黄豆倒入药液中浸泡 3~4 h，上下翻动 2~3 次，药液基本吸干为止。一般 1 支药液可浸泡 7.5 kg 左右干黄豆。

（2）淋豆法。第 1 次用药将 1 支 2 mL 黄豆芽灵加水 3.5~5 kg，在催芽后芽长 1 cm 左右下培育容器时，将药液喷淋到豆芽上。第 2 次用药是在豆芽长 2.5~3 cm 时，将 1 支 2 mL 药液加水 7 kg，在豆芽浇水后，豆面稍干时喷淋到豆芽上。

当黄豆芽下胚轴长 10 cm 左右，真叶尚未露出时，即可采收。优质黄豆芽标准是：胚轴（芽身）粗壮挺直，颜色白嫩，子叶乳白或黄色，胚根短，无须根。在正常情况下，培育时间为 7~9 天，冬季需 10~15 天，夏季需 5~6 天。采收时，自上而下，轻轻地将豆芽拔起，放进箩筐内，漂去种皮，捡出未发芽和腐烂的豆粒。采收后，若不及时食用，则应注意避光，防止豆芽变绿，影响品质。

二、豆芽机生产方法

豆芽机是根据豆芽生长对环境条件的要求，通过自动控制系统，在育芽箱内营造一个适合豆芽生长的温度、湿度及空气组成的小环境，从而达到高效优质增产目的的生产机械。豆芽机由温度自动控制装置、淋水自动控制装置、气体控制装置及排水管装置等部分组成。

豆芽机生产豆芽，温度控制自动化，且水可多次循环使用，既减轻劳动强度，节省劳力，又节约用水。其生产不受地区、场地、气候条件的制约，豆芽生产周期短，产品整齐，质量好。如将无根豆芽药剂与豆芽机配套使用生产无根豆芽，则效果更好，培育出的无根豆芽粗壮，肥嫩，品质好，节省了摘根时间，且豆芽食用率可提高30%，经济效益更高。

（一）选机

豆芽机的种类，生产厂家都很多，在选购时，根据生产需求量，选择机械性能好、自动化程度高、自控指标准确的豆芽机。

（二）生产场地

可选择洁净、充足、符合饮用水标准的水源，而且隔热、遮风、挡雨的大棚、温室或房屋内生产。

（三）消毒

每次生产前，培育容器及器具清洗，消毒，用0.2%漂白粉溶液，或5%明矾，或2%小苏打溶液浸泡消毒，然后用清水清洗干净。

（四）选种

与传统生产黄豆芽选种方法相同，选择成熟、颗粒饱满、表面光滑、有光泽、发芽率高、发芽势强的种子。

（五）培育

将选好的豆种过筛，去除瘪粒、破粒、虫蛀粒、杂质，淘洗后，放入培养箱生长器内，将感温控头插入箱顶的探头架上，关紧箱门，温度调节在40℃处，连续循环淋水3 h，然后交水排干换清水。每隔1.5 h淋水1次，每次10 min，温度调节在21~23℃，进入正常管理。

待黄豆芽平均长为1.8 cm时，进行第1次药剂处理，用2号NE-109将豆芽机水箱内水配制成1：250 000的无根豆芽药剂（注意：用药浓度要准确），用药液淋豆，每1.5 h淋1次，每次10 min，共淋4次，之后将药液排净，换上清水，再每隔1.5 h淋水1次，每次10 min。

待黄豆芽平均长5 cm时，进行第2次药剂处理，处理方法与第1次相同，结合淋水，用1：250 000的NE-109的2号药液，每1.5 h淋1次，每次10 min，淋4次后，换上清水，恢复正常管理，每1.5 h淋水10 min。

一般3~3.5天黄豆芽达商品标准即可采收。把黄豆芽从培育箱内取出，放进水池漂去种皮，装筐或进行包装。

三、家庭简易生产方法

家庭培育黄豆芽操作、管理简便，无须施肥、打药，产品营养丰富、卫生安全、绿色，既收获了新鲜芽菜，又丰富了家庭业余生活。

（一）生产场地

可选择室内温暖、遮光或黑暗处，如墙角、壁橱等处。

（二）培育容器

就地取材，选用家中闲置的器皿，如旧缸桶、锅或废弃的罐头瓶、盆等，容器四周最好不透光、不透气，如果容器四周透气、透水，则可在容器内衬垫塑料布或毛布。

（三）其他用具

覆盖容器口用的毛巾、纱布等。

（四）容器、器具消毒

先清洗干净，开水浸烫 10 min，再进行暴晒；或者清洗干净，再蒸煮消毒。

（五）选种

与传统生产黄豆芽的选种方法相同。

（六）浸种

首选剔去豆种中虫蛀、破残、畸形种子，然后清洗干净，放入 30℃ 左右温水中浸泡 4 h 左右，待大部分黄豆种皮发胀但未裂开时，取出清水冲洗。

（七）培育

将浸好种的黄豆放进已清洗、消毒好的容器中，加入 25℃ 温水，如容器底部有孔，则多余水分能滤去；若无孔，则需将多余水分倒去，使容器内不积水，再用纱布、毛巾等物把容器口盖好、盖严，放到温暖、黑暗的地方。

管理上要求每天用 25℃ 左右温水浇 4~5 次，一般夏天次数可多些，冬天次数少些。浇水，水要溢过豆面，并轻轻摇晃，倒出水，重复 2~3 次，沥去多余水，用清洗过的毛巾、纱布盖好，放回原处。冬天温度低，为培育好豆芽，可将容器放在能保温的地方，如棉衣、棉被内，或取暖设备旁；夏天温度高，容器要放在阴暗、通风处，并增加浇水次数，环境温度控制在 23℃ 左右。

一般 5~6 天，芽长 6~9 cm 时，即可采收。取出豆芽，挑出发好的食用，未长好的再放入容器内培育 1~2 天。

四、简易加工保鲜方法

为处长黄豆芽保鲜期，一般在采收后，进行简单的加工处理：先将采收的产品送进冷库（3~8℃）进行预冷处理，然后用塑料袋抽真空包装，每袋 150 g 左右，可处长保鲜期 3~5 天。

如家庭生产黄豆芽，则可用塑料袋包装好，放在冰箱冷藏室内，能保鲜 2~3 天。

第八节　绿豆芽绿色生产技术

一、传统生产方法

（一）生产场地

豆芽生产房是绿豆芽的生产场所。绿豆芽整个生产过程，全是在豆芽房内进行的。在豆芽房的设计建造或选择上，必须围绕温度、水分、空气和光等几个方面，营造一个适宜绿豆芽生长的环境。因此，豆芽房必须具备以下条件。

1. 隔热、保温

墙和门最好是双层空心的，夹层可填充隔热材料。窗设计要小，并装有遮光板和厚窗帘，以便达到冬暖夏凉的目的。

2. 有充足、洁净的水源

可选用自来水或符合饮用标准的井水等。

3. 通风、避光

通风可排除房内多余水蒸气、热量及有害气体等，但在通风窗的设计上应注意避光保温，窗要小，位置要低，并安装遮光板或百叶窗，这样可防止阳光直射、风直接吹入。

4. 清洁、卫生

地面要求便于清洗、消毒，排水系统良好。

（二）培育容器

生产绿豆芽的容器可以选择瓦缸、木桶、水泥槽、地槽、筐或箩、塑料桶等，稍加改进，底部并设置排水孔（直径 2～3 cm），要求浇淋水方便，并能及时将浇淋水排出、排净。容器底部及四周要求避光、不透气，若透光、透气，则用麻袋、草包、布或塑料纸等衬垫。

（三）浇水工具

绿豆籽粒小，芽较纤弱，浇水宜采用淋水方式，避免冲伤芽体，可选用细眼喷壶、带淋喷头的皮管或喷雾器等。

（四）其他工具

浸泡豆种用的缸或池；淘洗豆种用的竹箩、竹筐等；覆盖容器口用的麻袋、草包、棉被或毛巾等。

（五）加温设备

绿豆芽抗寒能力差，冬季温度低，生产时必须有加温设备增加温度如煤炉、空调、灶等。

（六）培育室、器具消毒、清洗

1. 生产前消毒、清洗

每次生产前，容器、器具及环境必须进行清洗、冲刷，然后喷洒杀菌、防腐剂。方法：用 0.2%漂白粉溶液 0.1%~0.5%高锰酸钾溶液或 2%小苏打溶液浸泡容器、器具并洗刷，然后用消毒液冲洗培育房地面等各处，最后用清水冲洗、晾干。

2. 定期消毒、清洗

定期（每月 1~2 次）或发生病害侵染后，培育室及器具必须进行彻底消毒、清洗、熏蒸后再使用。首先容器、器具、培育室用 0.2%漂白粉等消毒液洗刷，清水冲洗，晾干。然后，将培育室门、窗等缝隙用纸封死，熏蒸。

熏蒸方法如下。

①豆芽灭菌灵熏蒸：用 500 倍豆芽灭苏灵溶液对培育室进行全面喷洒，密封熏蒸 30 min 后打开门窗通风换气。

②福尔马林、高锰酸钾熏蒸：根据豆芽房大小，按每立方米 30 mL 40%福尔马林与 15 g 高锰酸钾混合，加热至 37℃，密封熏蒸 1 h 后打开门窗通风换气。

（七）选种

选择豆种是生产好豆芽的基础，豆芽的产量和质量与豆种有很大关系。培育绿豆芽选用明绿豆、毛绿豆、统绿豆均可，其中以明绿豆为最佳。

培育豆芽要选用成熟、颗粒饱满、种子外覆盖蜡质、有光泽、脐白、无病虫害、发芽率高、发芽势强的新种子。

购买、使用前，豆种需进行发芽试验或快速鉴定等方法确定其生活力。

1. 选择豆种

首先进行筛选，去除杂质；再剔除不饱满、残缺的和病虫为害的种子，以及豆粒较小、颜色晦暗、种皮粗糙的"石绿豆"；最后水选，将豆种放入水中，搅拌，捞去漂浮在水面的杂质和瘪籽。

2. 绿豆贮藏

绿豆种子寿命较长，在良好贮藏条件下，发芽率可保持6年以上。绿豆经晾晒、脱粒、清选，在20℃条件下，每立方米绿豆用磷化铝3片熏蒸3~5天，后开包散气1周，贮于低浊、干燥、通风仓库内。

（八）浸种

将选好的绿豆用清水淘洗2次，漂去嫩籽，洗去泥沙后放入浸种桶中，加入与豆粒等量的清洁温水，水温30℃左右，上下翻动使豆种吸水均匀。一般浸种时间6 h左右，夏季浸种时间短一点，冬季长一点，至水分基本吸干、多数豆粒膨胀、少数种皮吸胀开裂为止。捞起放在竹箩内滤去水，并干胀6 h，再连箩放进4%石灰水中浸没1~2 min（目的：消毒杀菌；去除表面蜡质，有利于发芽），即刻用30℃左右温水冲洗干净，铺开，沥去水分，催芽。

（九）催芽

浸好种的绿豆平铺在培育器内，厚度在5~10 cm，用湿麻袋覆盖严实，每3 h用23~25℃水淋洗数次，6 h后待豆种大多数破胸出芽，芽长0.5 cm左右，取出用清水冲洗干净，重新平铺于培育容器，进入培育阶段。

（十）培育

豆粒铺平，喷淋一次透水，使水面高过豆种表面2~3 cm，后慢慢排出、排净，再用干净草包或麻袋等物盖严，其作用一是为防光线进入；二是保浊、保湿；三是阻止豆芽呼吸作用产生的二氧化碳向外扩散，增加豆芽生长上环境中二氧化碳的含量。

1. 小芽期（露芽至芽长 2.5 cm）

此阶段绿豆尚未扎根，即未坐稳缸，且体内生化反应释放出大量的热量，所以这一阶段浇水要勤、轻，水温控制在 22℃，每 2 h浇一次水，每次用细眼喷壶均匀喷淋 2~3 遍，要匀而透，直到排出的水温与喷淋水温一致为止。水是培育优质豆芽的关键，通过浇水，不仅提供豆芽生长需要的水分，而且淋洗了杂菌和污物，调节豆芽内湿度。

此时气温在 21~27℃，若气温偏高，则应在注意避光同时，通风降温，并在室内墙面地面等处洒水降温，增加浇水次数和浇水量。若气温偏低，则应用灶、炉等取暖提高室温，并减少浇水次数，略提高水温（28℃左右）。

培育绿豆芽要求光线暗淡或黑暗的环境，尤其芽长 1.5 cm 以后要严格避光。生产时，关闭门窗，拉上帘子，工作时可用红色小灯泡照明，用后及时关闭。在通风操作时要尽量避光，少见光。

为了增加空气中二氧化碳含量，促进绿豆芽生长，应该减少空气流通，保持空气稳定。同时，增施二氧化碳：可直接用固体或液体二氧化碳，也可通过燃烧煤油、天然气或化学反应等方法产生二氧化碳。从催芽开始每天增放二氧化碳 1 次，使二氧化碳浓度为0.6 g/L 左右即可。

2. 中芽期（芽长 3~5 cm）和大芽期（芽长 5~10 cm）

此时期为生长阶段，水需要量大，要大水浇匀、浇足、浇透。每 3~4 h 用 23~26℃ 的温水浇 1 次，每次用粗眼喷头满灌 1 遍，淋洗 2 遍。其他管理同小芽期。

培育绿豆芽，除了长芽外，同时也长根。如果根须较长，则食用麻烦，既影响品质，又影响产量。在豆芽培育过程中，通过使用无根豆芽药剂可以抑制胚根及初生侧根的生长，促进胚轴粗壮，胚根圆满秃，无须根，胚轴粗细一致，洁白、肥嫩、爽口，品质好，豆芽食用率可提高 15%~20%。

（十一）无根豆芽生产方法

无须根豆芽药剂，一定要是经过安全性评价符合卫生部颁发的《食品安全性毒理学评价程序》的要求，并被卫生部食品添加剂委员会通过列入豆芽食品添加剂的药剂。现介绍3种药剂的使用方法。

1. NE-109

在绿豆芽培育过程中，结合使用 NE-109 的 3 号药，处理 2 次即可。

（1）第1次处理。等绿豆芽长1.8 cm时，用 NE-109 的 3 号药每包加水 60~75 kg 配制成水溶液，浸绿豆芽1 min。一般每千克绿豆需药液5 kg。

（2）第2次处理。绿豆芽长4 cm时，用 NE-109 的 3 号药每包加水 60~75 kg 配制成水溶液，浸绿豆芽1 min，2~5 h 后继续淋水。一般每千克绿豆需药液8 kg。

2. 无根绿豆芽灵

无根绿豆芽灵性能稳定，高效，无毒，易于生物降解，对人、畜安全，对鱼类无害，属合格的食品添加剂类型。

使用方法：绿豆芽催芽下缸后，芽长不超过0.5 cm时，用每支2 mL 无根绿豆芽灵加水4 kg 的水溶液喷淋到豆芽上，一般1支可处理10 kg 左右干绿豆，此为第1次用药。第2次用药：当芽长1.5~2 cm，每支绿豆芽灵加水5 kg，喷淋到豆芽上，2~5 h 后再继续浇水。

3. 8503

8503 由 A、B 两种原料组成，均为粉剂，属合格食品添加剂类型。

（1）配制 AB 液。

①A 液：将1包 A 药放入瓷钵，加10 mL 水，滴3~4滴盐酸，加热至60℃左右，搅拌，使 A 粉完全溶解，即为 A 液。

②B 液：将1包 B 药倒入烧杯中，加入5~10 mL 酒精，搅拌

至完全溶解，即为 B 液。

③AB 液：将配制好的 A 液、B 液倒入 20~30 kg 水中，即配成 AB 液。

（2）淋浇法。待绿豆芽长 1~2 cm 时，将 AB 液喷淋到绿豆芽上，2~3 h 后继续淋水。一般每份 AB 液可喷淋 30 kg 干绿豆。

（3）泡豆法。将干绿豆放进 AB 液中浸泡 6 h，一般每份 AB 液可浸泡 25~30 kg 干绿豆。

绿豆芽采收要及时，如时间过长，豆芽食味性差，营养成分减少，外观、商品性差。通常，在绿豆芽充分生长，芽身挺直，胚轴洁白、肥嫩，芽长 7~10 cm，子叶尚未展开时，即可采收，需 5~7 天。

采收时，从上至下轻轻拔起，放进水池漂去种皮，装筐或进行包装。

二、豆芽机生产方法

豆芽机具有自动控制系统，在培育箱内创造一个适宜豆芽生长的环境，只需将选好的豆种按要求用量投入培育箱内，接通电源和水源，设置温度、淋水时间及间隔时间，豆芽机就会自动控制温度，定时淋水，调节气体含量，3~4 天就可生产出优质豆芽。豆芽机生产法是替代传统手工生产实现豆芽生产工业化、专业化的新技术。

（一）选机
根据生产量，选择性能稳定、质量优、自动化程度高的产品。

（二）生产场地
选择遮风挡雨的棚、室；要求有洁净、充足、符合饮用水标准的水源。

（三）清洗、消毒
每次生产前，培育箱及器具必须严格清洗消毒。可用 0.2%漂白粉溶液或 2%小苏打溶液等浸泡消毒，然后用清水冲洗干净。

（四）选种

与传统生产选种方法相同，宜选择成熟、颗粒饱满、有光泽、无病虫为害、发芽率高、发芽势强的种子。

（五）浸种

将选好的绿豆过筛，除去瘪粒、破粒、虫蛀粒、石绿豆，倒入70℃水中进行温汤浸种，1~2 min后取出放入冷水中浸泡4~6 h，待豆种饱胀取出，冲洗干净，进行培育。

（六）培育

将浸好种的绿豆放入培育箱内，将感温探头插入箱顶探头架上，关上箱门，将温度调节在25~27℃，每2~3 h淋水1次，每次10 min，待芽长1.8 cm时，将NE-109的3号药按每包加水250 kg的比例，把水箱内水配成250 000倍药液，每1.5 h淋1次，每次10 min，共淋4次，后换上清水恢复正常淋水。当绿豆芽平均芽长4 cm时，进行第2次药剂处理，用NE-109的3号药把水箱内水配成250 000倍药液，每1.5 h淋1次，每次10 min，共淋4次后换上清水，恢复正常淋水。

当绿豆芽达到商品标准，即芽身挺直，胚轴洁白、肥嫩，子叶尚未展开，芽长7~10 cm时，即可采收，一般需3~4天。

把绿豆芽从培育箱内取出，放进水池漂去种皮，装筐或进行包装。

三、家庭简易生产方法

（一）生产场地

选择温暖、黑暗的地方。

（二）培育容器

可选用家中闲置的器皿，如酱瓶、小罐、盆等，但要高点，绿豆发芽后，体积会增加很多。

（三）其他用具

覆盖用纱布、毛巾等物；扎口用包装绳、橡皮筋等物。

（四）消毒

先将容器、纱布洗干净，再用开水烫洗，取出暴晒即可。

（五）选种

选择市面上出售的颗粒饱满、色泽明亮的好豆，剔除杂质、破残、畸形、病虫为害过的豆粒。

（六）浸种

培育绿豆芽用种量很少，一般一只果酱瓶只需 1~2 匙绿豆。根据容器大小和需要量，将干绿豆漂洗干净，放进容器中，加入自来水，水要溢过豆面，浸泡 5 h，取出后冲去黏液。

（七）培育

把浸好种的绿豆放入容器中，加入 23~25℃ 的水，摇晃几下，将容器倾斜，沥去多余水分，用纱布把容器口盖严扎好，放到温暖、黑暗的地方。一般每天浇 3~5 次水，夏天浇水次数多些，冬天浇水次数少些。可在上午、中午、傍晚、临睡前各浇 1 次，也可根据时间来安排。将水灌入瓶子里，注满，摇晃后把水倒出来，重复 2~3 遍，最后用清洗干净的纱布盖好，扎口。

一般 4~5 天就可以采收。可以把容器里的豆芽取出放在锅里，挑出发好的豆芽，未长好的可以放回容器中再长 1~2 天。

四、简易加工保鲜方法

为延长绿豆芽保鲜，一般在采收后，进行简单的加工处理：先将采收的产品进冷库，在 3~8℃ 的温度下进行预冷处理，然后用塑料袋抽真空包装，每袋 150 g 左右，可延长保鲜期 3~5 天。

第九节　豌豆芽绿色生产技术

一、工厂化生产

（一）生产场地

为提高环境条件调控能力和能源利用效率，采用闲置厂房作为生产场地。整个厂房分隔成播种、催芽、生产和收获 4 个车间，生产车间分弱光区和强光区。

1. 温度

催芽车间 20~25℃，生产车间 16~22℃。

2. 光照

催芽车间 200~1 000 lx，生产车间弱光区 200~1 000 lx，强光区 5 000 lx。

3. 湿度

催芽车间 70%~85%，生产车间 60%~85%。

（二）栽培架和产品集装架

为提高场地利用率，充分利用空间，采用立体栽培。栽培架用"L"形 30 mm × 30 mm × 4 mm 角钢组装而成，底层离地面 10 cm，其余间距 40 cm，分 6 层，每层放 6 个育苗盘。架底装有 4 个小轮，其中 2 个万向轮。集装架层距 22 cm，大小与运输工具配套，以便于活体整盘运输。

（三）栽培容器与基质

栽培容器选用轻质塑料育苗盘。规格为外径长 59.4 cm，宽 24.2 cm，高 6.1 cm，内径长 57.2 cm，宽 22 cm，高 5 cm。

栽培基质选用洁净无毒、质轻、持水力强、用后残留物易处理的白棉布或无纺布。

（四）淘洗种子用设备及喷水装备

淘洗种子及浸种用水池，浇水用喷雾器及微喷装置，微喷装置可定时淋水。

（五）消毒

为避免病菌传染，生产前对生产场地及栽培用器具必须消毒、清洗。

1. 生产场地消毒

封闭门窗，每平方米用硫黄 1 g，放置陶瓷器皿中，用火燃烧，4~12 h 后打开门窗通风。也可用 0.4%甲醛溶液或 3%石灰水对场地及栽培架具喷洒消毒。

2. 器具消毒

用 0.2% 漂白粉溶液、2% 小苏打（碳酸氢钠）溶液、5% 明矾水对器具洗刷消毒。消毒后、使用前必须用清水冲洗干净。重复使用的白棉布可用高压锅消毒。

（六）选种

为了降低生产成本和生产优质的芽菜，可选用种皮厚、货源足、价格低、发芽势好、发芽率为 90%~95% 的小粒种豌豆，如小灰豌豆、紫花豌豆等。

豌豆易生豆象，影响种子发芽率，贮存时应在暴晒 2~3 天后，趁热进仓密闭贮藏。进仓种子含水量低于 13%。也可用磷化铝进行仓库熏蒸，杀死豆象。

（七）浸种

种子提前进行晒种清洗，剔去虫蛀、破残、老烂、不饱满瘪粒。用清水淘洗 2~3 次后浸泡，用水量是种子体积的 2~3 倍。夏季用冷水浸泡，冬季用 20~23℃ 温水浸种，3~4 h 兜底翻动 1 次，浸泡 8~10 h。如用大粒种，则冬季浸泡时间略长些。浸种后轻轻揉搓，淘洗种子 2~3 次，捞出沥干水分待播。

（八）播种

将淋湿的无纺布铺在栽培盘底面，种子均匀播在无纺布上。每平方米用种量 2.5 kg 左右，每个栽培盘 0.3 kg。播后种子上盖一层纺布，用小眼喷壶浇水，以盖布上积少量水为宜。盖无纺布是防止浇水造成种子滚动，造成种子堆积，同时也起保湿、遮光作用。

（九）催芽

将栽培盘摞叠在一起，每 6 个一摞放在栽培架上。每层 3 摞，每摞间留一些空间，便于操作和空气流通。每天调换栽培盘上下、前后的位置，浇水 2~3 次。当胚根下扎、芽苗高 1.5 cm 时，将盖在表面的无纺布揭下。同时将栽培盘每 6 个一层平放在栽培架上，送到生产车间弱光区。每天调换栽培盘位置，浇水 2~3 次，同时将霉、病豆拿出，以免传染其他植株。

（十）培育

继续严格控制温度和湿度，高温、晴天浇水量大些；天冷、阴天浇水少些。每天倒盘、浇水2～3次。当芽苗高8～10 cm时，将栽培架送至强光区。半天后，芽苗转绿，准备上市。发生病害及时清除，严重时整盘销毁。

当豌豆芽苗浅绿色、苗高10～12 cm、顶端复叶始展开时，可以采收上市。豌豆芽可整盘活体销售，也可剪割采收，包装上市。

整盘活体上市的标准：整齐、无烂根、烂茎基，无异味，茎端8～10 cm，未老化，芽苗黄绿色，苗高10～12 cm，顶端复叶始展开。

剪割时，从芽苗梢部8～10 cm处剪割，采用18.5 cm×12 cm×3.5 cm透明塑料盒或外径17 cm×12 cm×4.5 cm、底11 cm×5.5 cm快餐盒作包装容器，每盒装100 g，用保鲜膜封口，或采用16 cm×27 cm塑料袋，每袋装300～400 g，封口上市。

豌豆牙菜是以嫩茎叶为食用部分的蔬菜，含水量大，放置时间长易脱水，应缩短、简化运输流通各环节的时间，尽快上市。整盘活体上市的，在接近标准时就应上市。采用剪割包装上市的，如不能及时销售完，则应放在8℃左右冷柜中贮藏，能贮藏8～10天。

二、家庭水培生产

（一）生产场地

清洁、能调控温度的室内。

（二）栽培容器

平底、有孔和无孔的塑料制品，有孔的塑料制品能放入无孔塑料制品内，如钻孔的果盘，则放在快餐托盘内。

（三）栽培架

为有效利用空间，可以采用立体栽培。栽培架可以用铁片和螺丝组装而成，也可用竹、木制成。

（四）制冷设备

冰箱或冷柜。

（五）其他器具

清洗池、盆、箩、布袋等。

（六）消毒

栽培器具的消毒一般用 3% 石灰水或 0.2% 漂白粉液。消毒后冲洗干净待用。

（七）选种

同工厂化生产。

（八）浸种

将晒过的豌豆种倒在水中，利用比重法将浮在水面上的瘪粒、碎粒及杂质捞出，淘洗 2~3 次后，用种子体积 2~3 倍的水浸泡。夏季用自来水，冬季用 20~23℃ 的温水，并在浸泡前期多搅动几次。浸种 6~8 h 后，也可用 0.1% 漂白粉溶液搅拌消毒 10 min，马上捞出，用温水冲洗干净。捞出的种子放在布袋中，沥干多余的水分，放在 8℃ 左右的冷柜或冰箱冷藏室中存放 48 h，取出后在 18~20℃ 室温下催芽。每天用自来水向袋里冲洗 2~3 次。用布袋装既保湿又遮光。

（九）播种

豆子胚根长到 0.5 cm 时，播到有孔的塑料果盘中，种子铺满盘底，又不相互重叠。

（十）培育

将播有种子的果盘放到盛有水的快餐手盘里，托盘里水深 0.7~0.8 cm。生长期间每天中等强度光照（1 000 ~ 3 000 lx）10 h，夏季晴天光照过足需遮光，冬季光照时间不够需开灯补光。每天换 2 次托盘中的水。温度尽量保持在 18~20℃ 范围内。夏季通风降温，冬季加温。当温度超过 25℃ 时，豌豆芽生长迅速，但是种胚易逐渐腐烂，不易形成完整的商品；温度过低，生长缓慢，纤维素增加，品质下降。

当 80% 豌豆芽高 10~12 cm、顶端复叶始展开时可采收。剪割芽苗梢部 8~10 cm 供食用。家庭水培生产，可根据需要安排生产，拉开播期，分批生产和采收。在胚根完好的情况下，第 1 刀割后，在适宜的环境下，继续培育，能从茎基部或茎节上再次生长出豌豆芽，产量是第 1 刀的 1/4~1/3。

三、基质栽培

（一）生产场地

温度适宜的大棚、阳畦或温室。

（二）栽培基质

疏松的壤土、砂土、泥炭、珍珠岩混和物。

（三）栽培床

用砖块搭建或作畦。

（四）浇水用具

小眼喷壶。

（五）其他用具

箩筐、清洗池、盆、布袋、农具。

（六）消毒

栽培用基质在阳光下暴晒 4~5 天。浸种用具用清水洗刷后，用开水浇淋消毒或用 0.3% 石灰清水浸泡消毒 1 h 以上，捞出后用清水冲洗干净。

（七）选种

同工厂化生产。

（八）浸种

同家庭水培生产。

（九）播种

用砖砌成栽培床，基质（壤土、沙土或泥炭、珍珠岩混和物等）盛放在栽培床里。平整床面，浇足水分。将露白的豌豆种均匀地播到床面。种子紧密相连，但不相互重叠。种子面上覆盖 2~

3 cm 厚筛过的壤土、沙土或泥炭、珍珠岩混和物。

（十）培育

创造适宜豌豆生长的环境，做好遮阳、通风、降温及保温、保湿工作，豌豆芽拱出床面后，不断地加覆盖物。

当覆盖的基质厚度达 12～14 cm 时，停止覆盖，待幼苗出床面，苗尖 1～2 片叶见光变绿色后，拔起芽苗，捆扎上市。或扒开基质，从芽苗梢部 12～14 cm 处剪割，包装上市。

包装方法同工厂化生产。

四、大田栽培

（一）生产场地

富含有机质、土壤疏松的地块（2～3 年内未种过豌豆）、大棚、阳畦或露地。

（二）其他用具

农具、肥料。

（三）品种

采用专供摘嫩叶的豌豆品种，如麻豌豆、白豌豆、无须尖 1 号等。

（四）播种

播种前先晒种 1～2 天，水源不足、没有灌溉条件的地方，种豌豆不要浸种，有条件的地方应先浸种再播种。

北方于 10 月上旬至翌年 4 月下旬在阳畦或温室播种，露地栽培在 3—4 月春播。南方露地栽培于 9 月下旬至 11 月上旬秋播，江苏地区露地栽培在 10 月下旬至 11 月上旬秋播，有覆盖条件可在 9 月下旬至 11 月中旬播种。

播种前结合耕翻土地，每亩施蔬菜叶菜类专用复合肥 150 kg。露地种植一般用平畦；低湿地采用深沟高畦种植。畦面宽 1.5～1.8 m，豌豆要抢墒播种，浸过种的播前浇足底水。播量为每亩 12.5～15 kg。条播行距为 16～20 cm；也可穴播，穴距 20 cm，每穴 3~4 粒种，深 3 cm。播种时增施磷、钾肥。

（五）培育

幼芽出苗后，浅松土 1 次，豌豆对氮肥需求量大，施肥时要氮、磷并重，有条件的地方可用根瘤菌接种。严寒时结合壅根，施有机肥（河泥）。开春后每亩追施稀粪水 400~500 kg，或硫酸铵5 kg 左右。春旱要浇水抗旱。

豌豆怕渍，所以，播种时应挖好配套的排水沟，做到雨过田干。食嫩梢的豌豆，苗高 16~18 cm 时摘顶，以利侧枝生长。

秋播的豌豆，苗期易发生蚜虫，注意及时防治，采用绿色或低毒农药吡虫啉、宝发一号治虫。

在阳畦密植的豌豆，当幼苗长出 2~3 片真叶、苗高 3~5 cm时，整株采收，捆扎上市，也可在苗高 16~18 cm 时，采摘顶端嫩梢。秋播的在开花前可采收 4~8 次。采摘季节一般在冬春，采收后立即上市。采摘的嫩头，用塑料袋包装，扎口后放冷柜，可贮藏半个月之久。

五、注意事项

一是豌豆芽生产过程中应注意防鼠。

二是豌豆种芽生产中病害不多，但要注意高温引起烂种，有烂种必须及时清除，以免造成传染，影响产量，必要时全盘销毁。

第六章　蔬菜绿色保鲜技术

第一节　瓜类蔬菜绿色保鲜技术

一、黄瓜

1. 黄瓜贮藏要防止"大肚"、变糠和腐烂

黄瓜也称胡瓜。以嫩瓜条供食用，由于嫩瓜含水分高，质地脆嫩，果皮保水能力差，采后极易失水萎蔫。嫩瓜代谢旺盛，采后因内部种子发育，使瓜条头部逐步膨大，形成"大肚"现象，成棒槌状。因营养物质的转移消耗，使瓜柄一端萎蔫变糠，瓜味变酸，品质明显下降。同时，会因为叶绿素逐渐分解，使其褪绿变黄。这些都是黄瓜储藏中的后熟衰老表现。另外，黄瓜瓜皮表面的刺、瘤极易碰伤，形成伤口，流出汁液，从而感染病菌而腐烂。故黄瓜属难贮藏的蔬菜。

黄瓜是喜温性蔬菜，在 10℃ 以下易受冷害，症状为水浸状，颜色变深、暗。15℃ 以上衰老变质加快，所以，黄瓜贮藏适温 11~13℃。黄瓜喜温，贮藏中相对湿度应保持 95% 左右，湿度低会失水变糠、变软，失去光泽，感观品质下降，黄瓜可用气调贮藏，延缓其黄化衰老。适宜的气体组成是氧和二氧化碳均为 2%~5%；气调贮藏时温度应比普通冷藏温度提高 0.5~1℃，以避免发生冷害。黄瓜对乙烯敏感，微量乙烯就会使黄瓜褪绿变黄，尤其瓜柄一端最为明显。所以，贮藏时期去除乙烯对延缓黄瓜衰老有明显效果。

2. 黄瓜贮藏保鲜技术方法

（1）选用耐贮品种。不同品种的黄瓜耐藏性差异较大，据试验，北方有瘤多刺类型中的津研 4 号、津研 7 号、农大 12、农大 14 等，南方无瘤少刺类型中的白涛冬黄瓜、漳州早黄瓜等品种贮藏性较好。一般瓜皮较厚、果肉丰满、固形物较多、少瘤少刺的品种耐贮藏性较好。

（2）适时采收。成熟度对黄瓜的耐藏性有明显影响，一般瘤大刺多而密的，太嫩的瓜条，采后易萎蔫变软，难以贮藏。同一品种中以未熟期和适熟期采收的瓜条，贮藏效果最佳。而过熟期采收的瓜条，不适宜贮藏。适熟期的黄瓜颜色应呈深绿色，瓜皮紧实不老，果肉能切成坚韧薄片，种子尚未膨大，生产上一定要掌握好采收成熟度。一般供贮藏的黄瓜应比上市鲜食的稍嫩点采收为宜。应选采植株中部的瓜。

（3）精心采收。贮藏用黄瓜应在晴天露干后采收，采收时应带手套用剪刀带瓜蒂剪下。严格避免碰伤瘤刺，轻拿轻放，装运容器内应衬垫纸、塑料等柔软物。防止伤损。

（4）散热预冷。供贮藏用黄瓜，采后应尽快转移至冷凉通风处散热预冷，放置高温造成瓜条失水萎蔫，转黄变糠。

（5）避免混放。黄瓜对乙烯敏感，贮藏黄瓜须注意避免与容易释放乙烯的番茄、甜瓜、苹果等果蔬混在一起，以防乙烯促使其黄化衰老。

（6）贮藏方法。

缸藏：农家少量贮藏适用的民间方法，即先将大缸和笸子等用 0.5%~1% 的漂白粉液消毒，放在阴凉、背阴处备用。贮前先在缸底放入 20~30 cm 深的清水，在离水面 5~10 cm 处放上笸子，然后将霜前采收，经挑选、散热的黄瓜沿缸壁在笸子上转圈平放，瓜柄朝外，头朝里。或横置交错摆放，逐层一直摆到距缸口 10 cm 左右处，缸中间留 5~10 cm 孔，以通风散热。若缸较深，可摆到一定层数另加笸子继续摆放，以减少挤压损伤。摆好后缸口用牛皮纸盖住，并用绳子捆好。贮藏初期，应加强通风，揭开盖纸散热，随着天气变冷，可将缸用土培，或用麻袋、棉被围上，防止温度过低造成冷害。整个贮期设法维持10℃左右低温。管理得好，一般可贮存20~30天。

通风窖、库贮藏：贮前先对窖、库和包装容器用硫黄、克霉灵或漂白粉液消毒。黄瓜具有可采用如下方法在通风窖、库贮藏。一是塑料帐罩封贮。将选好的黄瓜装筐，送入窖、库内堆码在0.08~0.10 mm厚聚乙烯塑料大帐内，密封调气，氧和二氧化碳均控制在2%~5%。二是塑料膜衬筐、箱贮。在筐、箱内衬0.03 mm厚塑料薄膜，装入选好并经散热的黄瓜。再将塑料包严，在窖、库内堆码或上架贮。三是塑料袋小包装贮。将经散热的黄瓜装入0.03 mm厚的聚乙烯薄膜袋内，每袋装1~2 kg，折口封闭，在窖、库内上架或堆码贮。

上述三种装法，都应施加乙烯吸收剂来吸收内部释放的乙烯气体，防治黄瓜黄衰。乙烯吸收剂用饱和的高锰酸钾溶液浸泡蛭石或碎砖块，用纱布包成小包放在包装容器内。黄瓜与高锰酸钾吸收剂的比例为30∶1。贮藏期应通过散热和保湿措施来维持窖、库温度在10℃左右，并通过测气、开帐、开袋等管理措施调控内部气体含量，防止气体伤害。贮期内应经常检查，一般可贮20天左右。

气调冷藏：在冷库内采用0.03~0.04 mm厚聚氯乙烯塑料袋装，每袋2.5~3 kg，折口或扎口后装箱，在架上摆放。控制库温11~13℃，相对湿度95%左右，调控其内氧和二氧化碳气体含量均在2%~5%。管理得好，可贮20~30天。气调贮藏需要配合防腐处理。

3. 黄瓜贮藏病害及防治

（1）炭疽病。侵染初期为水浸状小斑点，后扩大为圆形或椭圆形凹陷斑，呈暗褐色或黑色，后期病斑上产生红褐色黏稠物。病菌寄生性很强，可直接从表面侵入，并能形成潜伏侵染，虽采收时看不见病害症状，但采后贮藏中可能大量发病。该病在黄瓜遭受冷害情况下发病更重。

（2）灰霉病。该病多从黄瓜花端侵入，瓜条组织先变黄，进而生出白霉，进一步变成土灰色并产生大量孢子。

（3）绵疫病。黄瓜贮藏中感染该病表现为出现较大水浸状病斑，严重时瓜皮破裂，瓜皮表面生出较纤细而茂密的白霉。

黄瓜贮藏中发生上述病害引起腐烂的主要原因是因其脆嫩，尤其是北方地区栽培的多为刺瓜品种黄瓜，采收及采后贮运中瘤、刺极易受到损伤，伤口处的汁液流出后，成为各种病原菌极好的培养基，很易使之侵染，结果造成快速腐烂。所以，防病首先应重点注意避免采、运、贮各环节中的各种机械损伤，使病原菌没有侵染机会。另外是注意贮藏过程中温度的调控，避免温度过高，造成病原菌容易活动侵染。防止温度过低，使黄瓜遭受冷害，造成组织坏死抗病性减弱，为病原菌乘虚而入提供条件，使腐烂率急剧增加。对上述病害的药物防腐可用克霉灵熏蒸（10 kg 黄瓜用 2 mL 克霉灵、棉球蘸药放在包装箱中，密闭熏蒸 24 h），或用 3% 噻菌灵烟剂熏蒸。

（4）质量标准。上市黄瓜要求按表 6-1 所述等级规格执行。

表 6-1

等级	品质	规格	限度
一等	同一品种，成熟适度，新鲜脆嫩，果形、果色良好，清洁无腐烂、畸形、异味、冷害、冻害、病虫害及机械伤		每批样品不符合品质要求的不得超过 5%。其中腐烂者不得超过 0.5%，不符合该等级果重规格的不得超过 10%
二等	品种相似，成熟度较好，新鲜脆嫩，果形、果色较好。清洁无腐烂、畸形、异味、冷害、冻害、无明显病虫害及机械伤	大：单果重≥200 g 中：单果重≥150 g 小：单果重≥100 g	二等、三等每批样品不符合品质要求的不得超过 10%。其中腐烂者不得超过 1%，不符合该等级重量规格的不得超过 10%
三等	相似品种，成熟度尚好，新鲜，果形、果色尚好，清洁无腐烂，异味、冷害、冻害、无严重病虫害及机械伤		

二、冬瓜

1. 适贮条件

冬瓜喜温耐热，属冷敏性蔬菜，多在南方省区立架或棚架栽培，北方爬地栽培。冬瓜适应性强，产量高。冬瓜不耐低温贮藏，温度低于10℃往往会发生冷害。瓜皮表面出现凹陷斑，进而变质腐烂。冬瓜不适于在较高湿度下贮藏，要求相对湿度为70%~75%，贮藏冬瓜适宜温度为10~15℃，同时要求环境通风良好。

2. 选耐贮品种

冬瓜栽培品种很多，按果型分大果型冬瓜和小果型冬瓜，按果皮有无被覆蜡粉分粉皮种和青皮种冬瓜。一般应选大果型（单瓜重10~15 kg）、粉皮品种冬瓜供贮藏。有蜡粉的冬瓜可减少水分蒸散损失，并可防止外界病原菌的侵染，对贮藏十分有利。但青皮品种冬瓜也可贮藏。

3. 适期采收

供贮冬瓜应选布满蜡粉或青皮发亮，九成熟以上，皮厚、肉厚、质地致密、品质好、抗病性强的瓜。应适期采收，采收过早，瓜嫩皮薄，易受损伤，染病腐烂；采收过晚，瓜老瓤松，易受震脱瓤。采前7~10天应停止灌水，以免果肉疏松，水分含量过高，耐贮性下降。应在霜前采收，防止低温伤害。采收时应留3~5 cm瓜柄，在天气凉爽时用剪刀剪下，勿碰掉瓜皮蜡粉。在装运过程中严防擦伤、碰伤，特别要防止抛落等震动损伤。否则，易造成外观看不到的内伤，给贮藏带来极大的隐患。

4. 贮藏方法

（1）田间贮藏。在南方地区秋天，可在后期加强田间肥水管理的基础上，将尚未充分成熟的冬瓜，一个个用麦秆或干草垫起来，上面再用麦秆或干草覆盖，避免阳光直射，防止湿腐。可延缓成熟至冬季温低时采收供应。一般可延后1~2个月。

（2）窖（库）贮藏。可选老熟冬瓜在窖（库）内堆贮或架贮。架贮通风良好，比堆贮效果要好。堆贮要在地面上先垫枕木或条石等架空，然后在上面垫干草或草帘，再将选好的无病伤的冬瓜堆摆上，一般不超过3层，以减少压伤。架贮也应在贮架上垫铺干草帘等柔软通风材料，再将冬瓜摆上一层。不管地面堆，还是架上摆，都要注意摆放时不可倒置，即按照田间生长时的状态摆放。田间怎么长，窖（库）里怎么放。因为瓜瓤已适应其重力作用方向，保持原有重力方向，不易使瓜瓤产生裂伤。

贮藏过程中应注意加强通风，通风既有利于散热降温，维持较低温度环境。同时又可排出湿气，降低环境湿度，冬瓜贮藏最忌潮湿。贮藏期间只要调控低而干燥湿度条件，往往贮3~4个月时间。

冬瓜可在冷库内架贮，但要注意控温，并经常通风。

5. 质量标准

上市冬瓜要求果实端正，色泽符合本品种特征，瓜皮厚而坚硬，有蜡粉（品种特点），肉质充实，无机械伤及病虫害；散装或有完好筐包装。

三、南瓜

1. 适贮条件

南瓜也称番瓜、倭瓜、饭瓜等。南瓜是喜温瓜类，不耐低温贮藏，但属贮藏适应性较强的蔬菜。常温通风条件下可贮藏2~3个月时间。南瓜虽对贮温要求不严格，但贮藏温度不能太低，5~8℃也会出现冷害。贮藏适温最好在8~10℃，相对湿度应在75%~80%，湿度高了对其贮藏也不利。贮好南瓜通风良好也十分重要，通风不好，也会使腐烂损失加大。

2. 品种和成熟度

贮藏用南瓜主要是中国南瓜，中国南瓜主要分圆形南瓜和长形南瓜两个变种，其品种很多；瓜皮有红、橙黄、黄、绿、深绿等多种色泽，同时还有纵沟、条纹、瘤状凸起等。贮藏用南瓜应选皮厚坚硬，被覆蜡粉的九成熟以上的。采收过早，瓜嫩皮薄，含水量高，易碰伤受染腐烂。采收过晚，南瓜太老，瓜瓤松软，易与瓜肉分开，造成由内向外腐烂。

3. 采收免伤

供贮南瓜应在采前1周停止灌水，防止水分含量太高，组织不充实，降低抗病性。采收应在霜前选晴天进行，保留一段果柄剪下。采收时轻拿轻放，避免伤损和碰掉蜡粉。尤其要注意装运过程中要防止震动损伤瓜瓤，否则会大大缩短贮期，早早出现内烂。南瓜采后要运到阴凉通风处散热降温。

4. 贮藏方法

（1）常湿堆藏。利用阴凉、干燥、通风的空屋或窖（库），先在地面上垫枕木和条石，以利通风。在上面铺麦秆或干草、草帘等柔软通风材料。将选好无病伤的老熟南瓜，按田间生长状态在上面堆摆2~3层，不可堆得太高、太挤，以免相互挤压损伤，也可装箱后进行码垛贮藏。贮藏过程中应通过通风进行排热降温、降湿，防止温度过低发生冷害，引致腐烂。贮期应经常检查，及时剔除变质、腐烂的瓜。一般可贮2~3个月。

（2）悬挂贮藏。许多农民习惯把南瓜用绳子吊挂在屋檐下或空屋内，这样贮通风很好，贮量少往往可贮放一冬天，随吃随取。

（3）冷库贮藏。将南瓜装箱在冷库内堆码，或上架单层摆放。控制库温8~10℃，相对湿度75%~80%，经常进行通风。只要湿度和通风控制很好，往往可贮3~4个月，甚至更长时间。

5. 质量标准

上市南瓜嫩瓜要求瓜皮色泽符合本品种特征，表皮有光泽，品质鲜嫩，无机械伤及污染。老熟瓜要求瓜形端正，瓜皮色正，坚硬有蜡粉，老熟健壮，组织致密，瓜肉肥厚，种子腔小，瓜瓤不松弛；无损伤，无病虫害。散装或有完好的筐（箱）包装。

四、西瓜

1. 西瓜贮藏保鲜主要问题

（1）易遭冷害。西瓜原产非洲，喜温暖干燥，对低温敏感，不耐低温贮藏，贮温低于8℃易受冷害，表面出现不规则凹陷斑，进而变大、变深，表皮呈水浸状、色变深、暗，严重时果肉颜色变浅，纤维增多，风味劣变，引起腐烂。冷害症状往往出库后升温时表现更明显。所以，西瓜贮藏中的腐烂往往与冷害有关。西瓜冷害温度与生态类型、产区、成熟度、贮藏长短不同有关；其贮藏适温一般在成熟度低，贮期较长时应尽量高些。反之，成熟度高，贮藏短时可稍低些。

（2）易后熟衰变。西瓜属呼吸跃变型瓜果，采后具有后熟过程；贮藏过程中，糖分含量逐渐降低，瓜瓤纤维增多，并在种子周围形成空隙，伴随种子成熟，营养物质含量逐渐减少，风味变淡，尤其贮藏时间较长，风味品质明显降低，且腐烂损伤较重。

（3）易伤腐烂。西瓜含水量大，含糖分较多，皮嫩易破，个大体重，装运时易受挤、压、刺等损伤，尤其易受外观看不见的内伤。破伤后汁液外渗，糖分等营养物质易为病原菌利用，引发病害造成腐烂。所以，长途运销的西瓜不耐贮藏。

（4）怕潮湿。西瓜瓜皮较厚，气体交换困难，水分不易蒸发，适宜较干燥的贮藏环境条件；湿度高易导致西瓜腐烂。但贮藏环境的湿度不宜太低，过低的湿度会使瓜蒂干萎，西瓜失水过多会影响商品外观。

2. 西瓜贮藏保鲜技术方法

（1）适贮条件。西瓜贮藏适温最好在10~20℃，相对湿度为80%~85%。贮藏西瓜要求经常通风。贮藏西瓜不必气调。

（2）选择品种。西瓜的类型品种甚多，依其对气候的适应性，分为东亚、华北、新疆、俄罗斯、美国5个生态类型，各地地方品种、选育品种、引进品种很多，耐贮性差异很大。供贮西瓜应选皮有弹性、瓜肉紧密、含糖量较高、无病伤的晚熟品种。较耐贮藏的品种有中育 10 号、丰收 2 号、苏密 1 号、新澄、密桂等。新红宝品种对低温较敏感。

（3）适时采收。贮藏西瓜要适时采收，一般应选八成熟西瓜供贮藏，九成熟西瓜仅可贮一周。十成熟西瓜应即食，七成熟西瓜太生，都不能贮藏。贮藏西瓜在采前 1 周应停止灌水，防止水分含量大，糖分含量低，抗病性差。西瓜采收应在早晚进行，采收应带一小段瓜柄，最好用刀剪下。采、装、运、卸过程要轻拿轻放，严禁抛扔，不仅要防止外部伤损，而且要防止造成外观看不见的内部伤损。要尽量减少运输中的震动、颠簸和挤压伤损。

（4）田间防病。为防止田间带病，提倡采前 10 天左右喷 1 次杀菌剂，用 500 倍 70% 的代森锌可湿性粉剂、500 倍液 50% 多菌灵可湿性粉剂、600 倍液 75% 百菌清可湿性粉剂均可。

（5）贮前防腐。西瓜入贮前可用百菌清烟剂按每立方米 4 g 量进行密闭点燃烟雾熏蒸 24 h；或用克霉灵按每千克西瓜 0.1～0.2 mL 量，蘸棉球或吸水纸，分置西瓜四周，用塑料罩密闭熏蒸 24 h；还可用仲丁胺浸果剂浸瓜 20～30 s；或用山梨酸衍生物按每千克 0.07 mL 量密闭熏蒸 24 h 来进行防腐处理。大量贮藏西瓜，一定要配合进行防腐处理。

（6）贮藏方法。产地小批量就地就近贮藏，最好是人工手搬入库，不用车辆装运，要装运也必须轻装轻卸，避免各种损伤，长途运输的西瓜只能短贮 2～3 周，不能贮太长时间。主要问题是无法避免运输中来自各方面的伤损。另外，西瓜不适宜大规模贮藏，一是损伤不可避免，二是不易良好通风，三是成熟度不一致，难以统一管理。

3. 窖藏

在凉爽、干燥、通风良好的土窖、仓库、通风库内，先在地面铺上一层细纱或秸秆。将八成熟、无病伤的西瓜轻轻地堆码 2～3 层，或搭架单层摆放，或装箱堆放。注意通风排热、排湿，调控

10℃ 以上温度和不湿不干地湿度，经常检查。可贮 20~30 天。

4. 沙藏

在阴凉、通风地场所，先用硫黄熏蒸消毒（10~15 g/m³，燃烟密闭 24 h）。在地面上铺一层细纱，然后选无病伤八成熟西瓜轻轻的摆上一层，用细纱盖过西瓜 3~4 cm，瓜叶露在外面，每隔 1 周喷 1 次 0.1%地磷酸二氢钾溶液于叶面上，保持叶片鲜绿，以保持养分供应，有利西瓜进一步后熟，可贮 30 天左右。该方法占地大，贮量小。

5. 冷库贮藏

利用农家微型冷库，将当地产的西瓜，选八成熟、无病伤地西瓜轻轻摆放在贮架上，只摆 1~2 层，其方向同田间生长时的方向。贮藏期间调控稳定地库温在 10~12℃，相对温度 80%~85%，保持库内良好地通风，并经常与外部更新空气。若品种适合，管理的好，可贮藏 1~2 个月，甚至更长时间。

6. 质量标准

上市西瓜要求瓜形端正，瓜皮色泽达到本品种特征要求，瓜体饱满有光泽，瓜肉致密，瓜肉成熟但不过熟；瓜皮洁净无泥土，无损伤，无病虫斑，散装或有完好箱（筐）包装。

五、甜瓜

1. 甜瓜贮藏保鲜技术方法

甜瓜又称香瓜、果瓜、哈密瓜等，分薄皮和厚皮两种类型。薄皮甜瓜又称普通甜瓜、中国甜瓜、东方甜瓜。皮薄、个小，如普通西瓜、黄金瓜、梨瓜等。主要栽培在华北和东北等地区。厚皮甜瓜又称网纹甜瓜、硬皮甜瓜、冬甜瓜等，皮厚、个大，如哈密瓜、白兰瓜、麻醉瓜等，主要栽培在新疆、甘肃、内蒙古、华北等地区。

甜瓜原产中亚和中国的炎热干旱地区，性喜温暖干燥，对低温较为敏感，贮藏温度过低易遭受冷害，受冷害地甜瓜果皮上出现水浸状红褐色斑块，进一步变成黑褐色斑块，由于果皮组织受到破坏。很易受到病原菌侵染滋生霉菌，引起腐烂。甜瓜冷害温度不一：薄皮甜瓜冷害温度5~7℃，厚皮甜瓜1~2℃。一般早、中熟品种抗低温能力弱，晚熟品种抗低温能力较强。

（1）适贮条件。甜瓜贮藏温度要求不一：薄皮甜瓜贮藏适温为8~10℃，厚皮甜瓜贮藏适温为3~4℃；一般大果型的晚熟品种贮温还可稍低点。相对湿度为80%~85%，甜瓜贮藏湿度高了易感病腐烂。但太低又易失水失鲜。甜瓜具有后熟作用，采用3%~8%的氧和0%~2%的二氧化碳气调贮藏，有利延迟后熟。甜瓜贮藏过程中应保持良好的通风环境。

（2）田间管理。贮藏甜瓜要求生长在干旱少雨、阳光充足、昼夜温差大的地区，栽培期间应加强田间管理，以施羊粪等有机肥加氮磷钾复合肥为好，有的施油渣和绿肥，以提高其抗病性。应及时防治病虫害和整枝打杈，促进其生长健壮。供贮甜瓜要求含糖量高；薄皮甜瓜含糖量应超过10%，厚皮甜瓜含糖量应超过12%。另外，要求采前10~15天停止灌水。

（3）适时采收。供贮藏用甜瓜应充分发育，以达到应有的成熟标准，一般要求八成熟以上。这时的糖度、香气、网纹等均达到一定程度。过早采收，瓜皮嫩，发软，糖度低，缺香气，不仅风味差，而且不耐藏。同一地块栽培的甜瓜成熟度差别很大，应根据成熟状况分批采收，采收宜在上午露后进行，采收时提倡用剪刀从瓜蔓上剪下，留下一小段瓜柄。应轻拿轻放，尽量避免擦、碰、抛等损伤。

（4）晒瓜与防腐处理。薄皮甜瓜采后应适当晾晒，除去表皮过多的水分，以利贮藏。厚皮甜瓜在新疆产区往往采后要在太阳下晒些天，俗称晒瓜，一般从9月下旬采收晒到10月下旬入窖。晒瓜过程中每隔7~8天翻晒1次，晒瓜时间长，瓜果衰老较快，往往需淘汰1/3~1/2，损耗较大。也有缩短晒瓜时间仅一周，就转移到阴凉处，放至气温降低下干霜时，选好瓜入窖，这样衰老较慢，损耗也少。

为防止甜瓜贮藏过程中的腐烂,往往在采后用药物1 000 mg/kg托布津或多菌灵做防腐处理,可提高贮藏期间的好瓜率。但杀菌防腐作用不十分理想。

(5)贮藏方法。

简易贮藏:将晒过的甜瓜,选无病伤的好瓜,在气温降到下干霜时,把瓜摆放在库房、窖的架子上,或堆放在铺好沙子的地上,或埋在细干沙中,贮藏初期,把门、窗全打开,充分通风降温排湿,待外界气温低时,夜间关闭通风的门、窗,白天打开。调节房间适合的温湿度,防止受冻。此法比较费事,贮量较少,贮藏质量比较差。

通风库贮藏:将无病伤晒过的瓜,送入通风库,或摆到贮架上架藏,或用绳子,布带3根1束悬空吊挂起来吊藏。架藏、吊藏时要把瓜顶端向上,果柄端向下,切勿倒置,架藏一般每层只摆一层瓜,吊藏每束绳子上吊3个瓜,大瓜吊在上面,小瓜吊在下面。贮藏初期要把窖门、通风窗、通气孔全部打开,通风降温排湿,加速库温和果温下降,同时,通入外界新鲜空气,排出甜瓜代谢活动释放的乙烯,以防乙烯气体对甜瓜的催熟作用。严冬季节,应关闭全部通风孔道,仅在白天中午适当开一会,通风换气,但注意不要降至2~3℃,防止甜瓜受冷害或冻害。并调整库内温度不高不低。还要经常检查,及时剔除不适继续贮藏的瓜。

冷库贮藏,将采后甜瓜晾晒5~7天,剔除病伤的瓜,然后装箱在冷库中,堆码在枕木上,或摆在架子上。箱装一般可装3~6个,纸箱应在箱子侧面打几个通风孔,塑料箱和木箱应有通风孔。贮藏期间,薄皮甜瓜或厚皮甜瓜中的早熟品种贮藏温度不要低于8℃或5℃,厚皮甜瓜的中、晚熟品种贮藏温度可在3~4℃或2~3℃。相对湿度应维持在80%左右。同时应注意加强贮藏的通风换气和经常检查,防止冷害、冻害和腐烂。一般可贮藏3~4个月。

气调贮藏:在冷库内可将无病伤,晾晒5~7天的厚皮甜瓜装箱堆跺,用塑料大帐密封气调贮藏。通过自然降氧或人工降氧方式，使帐内氧气浓度维持在 3%~8%，二氧化碳浓度维持在 0%~2%。贮藏过程中要定期对库内进行通风换气，经常检查。防止发生气体伤害，造成腐烂。贮藏温度应高于普通冷藏 0.5~1℃。

2. 甜瓜包装和运输

厚皮甜瓜主产在新疆、甘肃、内蒙古西部地区，要大量的运输到沿海地区销售。良好、科学的包装和运输，对于保持品质，避免伤损，减少腐烂损耗十分重要。

（1）选好包装容器。过去哈密瓜、白兰瓜等甜瓜，无定型商品包装容器，大量的甜瓜，往往散装火车长距离运输，途中颠簸、擦碰伤损很大，近年来对包装开始重视，已普遍用纸箱包装。哈密瓜包装纸箱规格为 52 cm×42 cm×21 cm，每箱装 3 个瓜，中间彼此用瓦楞纸板隔开。白兰瓜每箱装 6 个瓜，也用纸板隔开，以减少运输中的摩擦和碰撞造成的伤损。近期又开始用发泡塑料网套来单瓜套网包装，坐在纸箱内，代替瓦楞纸板隔离，降低了运输中的损伤，提高了好瓜率。

（2）运输前应预冷。甜瓜集中在 4—9 月成熟，采收季节温度高，短途运输或即时销售的，可普通车辆运输，不必预冷。但长距离用加冰保温车或机械制冷保温车装运甜瓜，并在销地做适当时间贮藏的，应在运输前进行预冷。预冷方式可采取普通冷库预冷和强制冷风预冷，预冷温度不能低于该品种和成熟度的冷害临界温度，一般应在 3~5℃。不经预冷的甜瓜，不能装加冰保温车或机械制冷保温车运输，以免在这些不能通风的车厢里，因自身温高，再加上大量堆积在车厢里，呼吸热量也大，反不如普通通风车辆运输效果好。

（3）选择运输车辆。远距离运输在无预冷情况下，应用敞棚火车和大型货运汽车运输。若经过预冷的甜瓜，必须用加冰保温火车、机械保温火车或冷藏集装箱运输。长距离运输甜瓜要在有良好防震、防擦伤包装的前提下，及时装、运。缩短运输时间。要在装卸、堆码时严格避免各种伤损。同时，要降低运输中的温度，使之处在不受冷、冻伤的较适宜的低温下运输。

3. 质量标准

上市甜瓜要求瓜果充实饱满有光泽，具有该品种特有色泽，香味浓，成熟不过熟，瓜肉不软，瓜皮洁净，无泥土，无损伤，无病虫害，无烂斑，散装或有完好的筐（箱）包装。

六、丝瓜

1. 品种和栽培

丝瓜又称布瓜或天罗瓜，以鲜嫩瓜果供食用。丝瓜按瓜棱有无，可分成无棱丝瓜和有棱丝瓜。无棱丝瓜又称圆筒丝瓜、蛮瓜、长丝瓜或水瓜；瓜条长圆筒形，无棱，长 55～60 cm，横径 4～5 cm，单瓜重 700～800 g，主要品种有竹竿丝瓜、长筒丝瓜、米管丝瓜等，华南栽培较多。有棱丝瓜又称菱角丝瓜、胜瓜或角瓜；丝瓜棒形，有菱，瓜条长约 60 cm，横径 4～5 cm，单瓜重 400～1 000 g，主要品种有绿旺丝瓜、蛇行丝瓜、肉丝瓜、乌耳丝瓜、双青丝瓜、棒丝瓜等，华南、华中、华北均有栽培，露地和保护地栽培，可周年供应市场，是南菜北运的重要瓜菜。

2. 采收要求

丝瓜以嫩瓜供食用，一般开花后 10～15 天，瓜条充分长大即可采收，嫩瓜肉质细嫩，品质佳；采收应选晴天清晨，用剪刀带瓜柄剪下，避免瓜皮伤损，轻轻装筐，整齐摆放包装。

3. 贮运要求和方法

丝瓜原产亚热带印度，性喜温暖湿润环境，不耐低温，贮运中易发生冷害；其中无菱丝瓜 7℃ 以下即会出现冷害，贮运适宜温度 8～10℃，贮运期在 10～14 天；有菱丝瓜 3℃ 以下会出现冷害，贮运适宜温度 3～5℃；贮运时间可达 4～6 周；贮运相对湿度 85%～95%。丝瓜贮运主要问题是失水、老化、品质变劣。无菱丝瓜短期贮运，需要包纸装筐，采用阴凉通风条件。有菱丝瓜可装筐，在冷库贮藏。

4. 质量标准

上市丝瓜要求瓜条端正，瓜皮色绿有光泽，新鲜嫩脆，无折断、损伤、无病虫害，有完好筐包装。

七、苦瓜

1. 品种和栽培

苦瓜又称凉瓜，癞瓜或锦荔枝瓜，以鲜嫩瓜果供食用。按瓜形可分为长圆锥形、短圆锥形和长圆筒形，苦瓜表皮多有数条不规则的凸起纵棱，短圆锥性苦瓜多数供观赏用。按苦瓜颜色又可分为绿色、绿白色和浓绿色，其中绿色、浓绿色可挂苦味较浓，主产在长江以南地区；绿白色苦瓜苦味较淡，主产在长江以北地区，按瓜条大小往往又分大型苦瓜和小型苦瓜；大型苦瓜多为露地栽培，小型苦瓜多为保护地栽培品种很多，主要有长身苦瓜、湛油苦瓜、槟城苦瓜、滑身苦瓜、夏丰苦瓜、夏雷苦瓜、北京白苦瓜等，苦瓜可周年栽培供应，是主要南菜北运瓜菜。

2. 采收要求

苦瓜以嫩瓜供食用，一般在开花后 12~15 天，瓜条瘤状凸起，果顶变得平滑发亮，瓜条皮色呈品种正常颜色时采收；过嫩采收，苦味太浓，品质差，且产量低；过老采收，肉质变软，不耐贮运。苦瓜多次开花结果，应勤采勤收，盛瓜期可每 2~3 天采收 1 批，否则瓜变老熟，且影响下一层瓜发育。苦瓜应在晴天清晨采收，中午、下午高温时不宜采收；采时应用剪刀从瓜柄基部剪下，采、装、运过程要求轻拿轻放，避免各种机械伤损。

3. 贮运特征和方法

苦瓜原产亚热带印度，性喜温暖湿润环境，不耐低温，贮运期间温度低于 10℃，会出现冷害，贮运适宜温度为 10~13℃，相对湿度 85%~90%；苦瓜对乙烯较为敏感，用薄膜或纸包装，贮运温度若高时，会因自身释放乙烯积累而使瓜色褪绿转黄，也不能与容易释放乙烯的果蔬混合贮运。

苦瓜采后可在阴凉通风处进行短贮，可包纸装筐，装量不可过大。若采用冷库贮藏，需经预冷至适贮温度，装 0.02~0.03 毫米厚薄膜袋，挽口不密封，装筐堆摆，或上架摆放，调控适宜温、湿度，一般可贮 2~3 周时间。

4. 质量标准

上市苦瓜要求瓜形端正，瓜皮色正有光泽，瓜条鲜嫩无花斑，种子未变硬，无损伤、无病虫害，有完好的筐包装。

八、佛手瓜

1. 佛手瓜贮藏要防止冷害、发芽和腐烂

（1）防止冷害和发芽。佛手瓜又称菜苦瓜、佛掌瓜、合掌瓜、瓦瓜、拳头瓜、万年瓜等，原产墨西哥合中美洲，我国华南、西南地区种植以嫩脆鲜瓜供食用。佛手瓜虽属喜温瓜果，但却耐较低温度贮藏，且可较长时间贮藏。贮温低于 1~2℃ 受冷害，贮藏适宜温度为 2~5℃，相对湿度要求 85%~90%。贮藏期间要注意通风良好。

佛手瓜采后瓜内的种子在 7℃ 以上温度条件下，胚根会开始萌动，10℃ 左右幼芽就会生长，这时会消耗瓜内营养物质，造成瓜体皱缩硬化、老化，商品、食用价值会明显降低。所以要严格控制贮藏温度。

（2）防止腐烂。佛手瓜虽然较耐贮藏，但管理不当也会腐烂。佛手瓜在采收、运输中若遭受碰、刺等伤损，会在贮藏中感染菌腐烂。一般容易发生绵腐病，病症如黄瓜。所以，应搞好田间防病，并应避免采收、运输中的各种伤损，减少病原菌侵染的机会。

2. 贮藏保鲜技术方法

（1）及时采收。佛手瓜一般在开花后 25 天左右采收嫩脆鲜瓜供贮藏。商品瓜重量在 0.25~0.30 kg，应及时采收，防止过嫩、过老采收。应在早霜前采收，以免霜冻，降低耐藏性。要根据成熟程度分批采收，一般每周采收一次，采收时少带一点瓜柄，采收要仔细认真，轻拿轻放，防止伤瓜。采收应在上午露干后进行。采收盛瓜的容器内壁要衬垫柔软材料，防止摩擦瓜皮产生褐变。

（2）包装运输。佛手瓜虽较耐贮运，但为防止运输中的擦、碰伤，必须重视包装和运输。为保证佛手瓜较高的商品外观和耐藏性，采下的瓜可用柔软的包装纸单瓜包装，或用发泡塑料网套单瓜套袋后再装纸箱包装运贮。完好的包装还可防止运贮中的低温冷害和冻害。运输中一要避免各种伤损；二是快速；三是保温防冻。

（3）散热预贮。佛手瓜采后要在阴凉通风条件下散热预贮。有冷藏条件的，可经短暂散热预贮后，进冷库贮藏。若无冷藏条件采用普通通风窖贮藏，需在窖（库）温度降下来之前，先在阴凉通风处预贮几天。预贮期间要求通风良好。

（4）贮藏方法。

窖埋藏：在地下水位较低的背风向阳处，挖宽1.5 m，深1.2 m左右的沟窖，在沟底铺一层河沙，然后在冻土前把经预贮的无病伤瓜一层一层与河沙层埋在沟窖内。总的摆瓜厚度0.7～0.8 m，根据天气温度逐降，分2～3次盖土保温防冻。保持窖内温度1℃以上，防止冻害，可贮到春季地面解冻时出窖。

通风窖贮藏：将采后经散热预贮的佛手瓜在外温伤冻前，选无病伤、将包装的瓜装筐后，送入通风的窖、库内堆码贮藏。利用通风孔、道，初期通风排热降温；中期关闭通风孔、道，保温防冻。经常检查。可贮到新年前后。

冷库贮藏：将采收后经贮散热的佛手瓜，选无病伤的瓜单瓜包纸或网套，装箱后在冷库内堆码或上架摆放。贮藏期间调控2～5℃稳定低温和85%～95%较高相对湿度，并注意通风，可获得较好的贮藏效果。

3. 质量标准

上市佛手瓜要求瓜体新鲜、饱满、充实，具有品种特有色泽，萌芽可有可无，瓜皮洁净，无损伤，无冷害，无病烂斑，有完好的筐包装。

第二节　果菜类蔬菜绿色保鲜技术

一、番茄

1. 番茄贮运保鲜要控制转红

番茄是茄果类中多汁的浆果蔬菜，也称西红柿、洋柿子等，原产热带地区，性喜温暖，不耐低温。番茄是典型的呼吸跃变型蔬菜，其果实成熟有明显的阶段性，不同成熟度对温度要求不同，适宜的贮藏条件和贮藏期有所不同，番茄的成熟阶段可分为绿熟期、微熟期（转色期至顶红期）、半熟期（半红期）、坚熟期（红而硬）和软熟期（红而软）。绿熟期至顶红期的番茄，已充分成长，物质积累已基本完成，生理上开始进入呼吸跃变初期，这时果实健壮，其耐藏性、抗病性较强，在贮藏过程中能完成后熟转红，接近植株上成熟时的色泽和品质，作为较长时间贮藏的番茄应在这个时期采收。贮藏生产可设法让其滞留在这个生理阶段，实践上成为"压青"，即控制其转红，"压青"时间越长，贮藏期越长。但从保持果实品质来看，顶红期采收的果实后熟后的质量优于绿熟期采收的果实。所以，贮藏期宜在顶红期采收，贮期约为1.5个月时间。

一般认为，绿熟期至顶红期的番茄适宜贮藏温度为10~12℃，低于8℃一定时间易遭受冷害。成熟的红番茄可在0~2℃低温条件下贮藏，但一般仅可贮20天左右。遭冷害的果实呈现局部或全部水浸壮软烂，或蒂部开裂，表面出现褐色小圆斑，不能正常后熟，易感病腐烂。绿熟至顶红期果实在10~12℃较低温度的大气环境中，半个月即可达到完熟程度，最长贮期仅20~30天。

为了进一步抑制后熟，延长贮期，可采取气调措施。国内外大量试验研究认为，适宜番茄贮藏的氧和二氧化碳浓度均为2%~5%或3%±1%。气调可以对乙烯生物合成过程产生明显的抑制作用。

绿熟至顶红期的番茄贮藏相对湿度以 85%~90% 为宜。过低会使其失水、失鲜，失去硬度和光泽，过高会使腐烂率增加。

2. 贮运番茄要注意采前因素和采后处理

（1）注意采前因素。贮运番茄应选心室少、种子腔小、果皮较厚、肉质致密、干物质和含糖量高、组织保水力强的品种。研究认为，长期贮藏的番茄应选含糖量在 3.2% 以上的品种。一般认为中、晚熟品种较耐贮藏。露地栽培的番茄比保护地栽培的较耐贮藏。生长中期，发育充实的果实耐贮藏。应选择该期大小适中、果面光滑无皱，不开裂的绿熟至顶红期的果实供长期贮藏。为提高其耐贮性，可在采前用 0.6% 的硝酸钙进行田间叶面喷钙。贮藏用的番茄在采收前 5~7 天不应浇水，以增加果实的干物质重量，减少水分含量。

（2）采收和采后处理。采摘应选晴天露后，不要在炎热的午间或雨天采摘。采摘要轻拿轻放，裂果、虫果和染病果不应做贮藏。盛装容器不宜过大，以免互相压伤。番茄采收后，应在田间进行遮盖，减少阳光的辐射热。并应尽快装运到阴凉通风处散热，或送入 10℃ 左右冷库中预冷至适贮温度。

在散热、预冷期间，应将待贮的番茄果实根据成熟度状况进行分选，将绿熟、顶红、半熟等不同成熟期的番茄分别装筐，根据其成熟度情况分别按其对环境条件要求进行贮藏。为防止番茄贮藏期间发生早疫病（轮纹病）、晚疫病、软腐病等贮藏病害，除应做好田间防病、库间消毒和包装容器等消毒外，还可用 0.2%~0.3% 的托不津、0.3%~0.5% 的过氧乙酸、0.3%~0.5% 的硼酸或 0.3% 的福尔马林药剂溶液浸果；浸后捞出沥干，并经晾干后才能贮藏。

3. 番茄贮藏保鲜方法

（1）简易贮藏方法。夏、秋季可利用土窖、通风库等阴凉通风场所，将选好并经过处理的番茄装在浅筐等容器内，码放在窖中，底部垫起，或摆放在菜架上。贮藏应创造较低的温度，较高的湿度，加强通风，并注意经常检查，挑出病烂和转红的果实。该方法仅可短期贮藏 15~20 天。

（2）冷藏。对绿熟至顶红期的番茄，可装箱在冷库中堆码或上架贮，调控温度为 10~12℃，相对湿度为 85%~90%，管理的好能贮 30 天以上。对红熟期的番茄，可调控温度 0~2℃，相对湿度90%以上，贮 20 天左右时间。

（3）气调贮藏。将选好、装箱并预冷的绿熟至顶红期的番茄，可在冷库内采用塑料薄膜密封方法进行气调贮藏。一是帐封贮藏。采用 0.12~0.15 mm 厚的聚氯乙烯薄膜，对选好装箱的番茄进行扣帐密封贮藏，控制温度为 10~12℃，相对湿度为 85%~90%，气体调节可采用快速降氧法，或自然降氧法（同时用果重 1%~2% 的消石灰吸收多余的二氧化碳）。控制氧和二氧化碳均在 2%~5%。注意设法保持库内湿度稳定，防止因温度波动而使帐内结露凝水，引致染病腐烂。可采取前述的药液浸果防腐处理，或用 0.05~0.1 mm/L（以帐内体积计算）的仲丁胺药剂熏蒸处理，进行防腐。二是袋装贮藏。可采用 0.05~0.06 mm 厚的聚氯乙烯透湿薄膜袋衬木箱（或塑料箱），每箱 10~15 kg，扎口密封，人工定期防风管理；控制二氧化碳不超过 5%，或控制氧气不低于 2%。气调贮藏番茄可以贮 1.5 个月时间，品质和风味最佳。

二、青椒

1. 青椒贮藏的关键技术

辣椒是原产热带的浆果蔬菜，鲜食辣椒多采收青果，故常称青椒。在果菜类蔬菜中，青椒比较耐贮藏，但从保持高质量和品质角度来看，也仅仅能保鲜 1.0~1.5 个月。

（1）适贮温度。青椒性喜温暖条件，在不适宜的低温条件下贮藏会遭受冻害，一般认为冷害温度为 9℃ 以下。冷害症状是果实颜色变暗，光泽减少，表皮产生不规则的凹陷斑，严重时连成大片凹陷斑，果实不能正常后熟，受冷害果实的种子和花萼会同时发生褐变。另外，受冷害后果实抗病力明显下降，在高湿条件下极易感染黑腐病，短时间即大量蔓延，移入室温中迅速溃烂。遭受冷害的青椒往往在冷库低温下不表现症状，而在货架销售中，却很容易表现出上述症状。青椒贮温若高于 13℃ 又会逐渐转红、衰老和腐烂。青椒贮藏室温为 9~12℃，不同季节采收的青椒对低温敏感程度有差别，一般夏收贮藏温度为 10~12℃，冷害临界温度 9℃，秋收贮藏适温为 9~11℃，冷害临界温度 8℃。

（2）喜湿又忌高湿。青椒鲜食脆嫩果实，采后极易失水萎蔫，贮藏温度偏低，会失水，失去光泽和亮度，易失鲜、失重。同时青椒兑水分又特别敏感，湿度若过高，又会有利病害的发生。一般要求相对湿度 90%~95%，使用薄膜包装贮藏有利于保持高湿环境，但应防止袋内结露，湿度过高。所以，一方面要控制稳定库温，防止造成结露，另一方面要使用透湿薄膜，可以使用国家农产品保鲜工程技术研究中心生产的 PVC 青椒贮藏专用保鲜袋。

（3）青椒气调贮藏。青椒采后有后熟过程，常温大气环境下可由绿转黄、转红，由硬变软。可以通过气调控制上述变化适宜的气调贮藏气体指标为氧 2%~7%，二氧化碳 1%~2%。高于 2% 的二氧化碳积累一定时间，会引起中毒伤害；造成萼片褐变和果实腐烂。使用 PVC 青椒专用保鲜袋，应加施气体吸收剂，吸收袋内过多的二氧化碳。

（4）防腐。青椒薄膜袋装气调冷藏必须做好防腐处理，可采用天津保鲜中心研制的 CT-6 青椒专用防腐剂。

总之，保持适温、适湿，避免二氧化碳伤害和进行防腐处理是贮好青椒的技术关键。

2. 青椒贮前技术要求

（1）选耐贮品种。青椒不同品种间耐贮性差异很大，一般认为甜椒、油椒耐贮，尖椒不耐贮。应选色深绿、皮坚光亮、角质层厚、肉质厚、味甜少辣的晚熟品种供贮藏。麻辣三道筋、世界冠军、辽椒 1 号、茄门椒、巴彦椒、12-2、牟农 1 号、冀椒 1 号、吉林四方头、太原 811、MN-1 号等品种较耐贮藏。

（2）栽培健壮果。重视田间栽培因素，培育壮苗，适时定植，合理施肥灌水，多施有机肥和磷、钾肥，控制各种田间病虫害。

（3）采前防腐处理。在采收前 10～15 天适当喷施杀菌剂 0.15%～0.2%甲基托布津、0.2%～0.3%苯莱特、多菌灵等，消除果实田间带菌。

（4）采前停止灌水。采前 5～7 天停止灌水，或雨后 3～5 天再采，大量灌水会造成果实含水量高，干物质含量低，降低其耐抗性。

（5）适其采收。贮藏青椒应选果实已充分长大、营养物质积累较多、果肉坚硬、果皮光亮、深绿未转色的果实。应选植株上中部生长的健壮果实。夏贮青椒要选 7 月中旬前后采摘的果实，秋贮青椒要选霜前晚秋采摘的果实。不要采 8 月雨季的果实进行贮藏。不要贮藏倒茬拉秧的青椒。最好贮藏露地栽培的青椒，保护地栽培的耐藏性差。采摘青椒要选晴天露后或傍晚日落前，避免雨天采或采后淋雨，避免采后暴晒。

（6）细摘轻装。采摘应捏住果梗轻轻摘下，或用剪刀剪下，防止胎座和果皮、果肉受伤。避免采、装、运中的各种碰、压、剂等伤损。采后要轻轻装入有衬垫、容量不太大的筐内。

（7）贮前散热预冷。采后青椒应在阴凉处通风散除田间热，或在冷库内预冷至接近贮藏适温，散热预冷时间要短，防止失水过多。

（8）贮前库房消毒。入贮前应将库房和容器进行消毒，可用 3～5 g/m³ 的硫黄密封熏蒸，或 0.3%～0.4%福尔马林喷洒熏蒸，或 0.5%～1.0%的漂白粉液喷、浸等方法消毒。

3. 青椒贮运保鲜方法

（1）简易贮藏。秋季露地霜前细采精选无病伤的青椒，可用以下方法贮藏。

筐衬牛皮纸藏：将青椒装入衬有牛皮纸的筐中，筐顶也用牛皮纸封好，送入窖、库内堆码，每隔 7～10 天检查 1 次。

筐衬湿蒲包藏：将干净的蒲草包用 0.5%～1.0% 的漂白粉液浸透消毒，沥去水分，衬在筐内，装入青椒，入窖、库堆码成垛，注意窖、库内的通风。如湿度不够，可每隔 7～10 天更换消过毒的湿蒲包。湿度若高，也可用干蒲包套在筐外。

单果包纸箱藏：用包果纸或 0.01 mm 厚的聚乙烯薄膜单果包装，再装箱或筐，送入窖内堆码或上架贮藏。

筐装套膜藏：将青椒装筐，外面套 0.04 mm 厚 PE 或 PVC 塑料薄膜，送入窖内堆码贮藏。

简易贮藏虽简便易行，贮藏成本低，但受地区和气温多变限制，环境温湿度不易控制，耗损较大，贮藏质量较差，仅适合农户小规模贮藏。

（2）薄膜气调贮藏。将精心采收青椒，装入衬有 0.04 mm 厚聚氯乙稀青椒专用保险鲜袋中，每袋装约 5 kg，挽口不封，送入冷库堆码或上架摆，先预冷一天左右，待品温降至 10℃ 左右，装入一包二氧化碳吸收剂及一包 CT-6 青椒防腐剂，然后扎封袋口，保持库温 9～12℃，相对湿度 90%～95%，可实现袋内氧气为 2%～7%，二氧化碳不超过 2%。注意控制稳定库温，防止库温经常波动或较大波动，减少袋内凝水，以免造成腐烂。一般可贮 40～50 天，损耗不超过 10%。

4. 青椒贮运病害及预防

（1）青椒贮运病害。

灰霉病：真菌性病害，发病初初期在果实表面出现水浸状灰白色褪绿斑，进一步发展，在上面产生灰色粉状物，病斑多发生在果肩部。

根霉腐烂病：真菌性病害，病菌从果柄伤口侵入，引起果柄和萼片逐渐腐烂，长出灰白色粗糙而疏松的菌丝和肉眼可见的小球状孢子束。

交链孢霉腐烂病：果实表面产生圆形或近圆形凹陷斑，有清晰的边缘，病斑上生有短绒毛状黑色霉层。

细菌性软腐病：发病初期产生水浸状绿色斑，后变成褐色斑，软腐，有恶臭味。

（2）预防。上述病害发生既有微生物原因，也有因温湿度条件及管理不当原因，还有因冷害和气体伤害等影响造成。所以，防腐措施必须从以下几方面入手。

田间防病：贮藏病害和田间病害是同一病原菌，上述病害往往都是田间带病或已感病，收获时可能看不出来有病，但病原菌却已侵染，处于潜伏状态，采收这样的青椒贮藏就会普遍发病。因此，需要从选择抗病耐贮品种，做好田间药剂防治入手，以减少田间病原菌的密度和数量，降低青椒的采后腐烂损失。

避免机械损伤和生理伤害：许多病原菌都是从伤口侵入的。因此，要在采、装、运、贮各环节中严格避免机械损伤，采收时用剪刀剪断果柄，使伤口平滑整齐，容易愈合。入贮时应精心挑选，把好质量关。贮藏过程中要注意贮藏温度调控和气体调节，避免遭受冷害和二氧化碳伤害。

贮藏场所消毒：青椒入贮前要对贮藏场所和包装箱进行彻底清扫、清洗和消毒。

贮前防腐处理：青椒入贮前可用克霉灵熏蒸处理，即将挑选好的青椒装箱后，堆放在可密闭的库房，或堆码后用塑料帐罩封，按每 10 kg 青椒用 2 mL 克霉灵，用碗、碟盛装或用棉条、布条蘸取，分多点均匀放在箱内，密闭熏蒸 24 h。还可以在箱内衬 0.04 mm 厚 PVC 透湿青椒专用保鲜袋，装预冷过的 5 kg 青椒。加施 CT-6 青椒专用防腐剂，每箱放一包，然后将袋口扎封，对抑制贮藏中灰霉病、根霉病、交链孢霉病和细菌软腐病等有显著的效果。

三、茄子

茄子属冷敏性蔬菜，性喜温暖，不耐寒。贮藏室中极易变质腐烂，难以长时间贮藏。贮藏中主要问题，一是果梗连同萼片产生湿腐或干腐，蔓延到果实，或与果实脱离；二是果面出现各种病斑，不断扩大甚至全部腐烂，主要是褐纹病、绵疫病等；三是在7℃以下温度贮藏会出现冷害；果面呈现水浸状或脱色的凹陷斑，内部种子和胎座薄壁组织变褐。因此贮藏茄子应注意以下几点。

（1）选耐贮品种。一般要选含水分少、果皮较厚、种子较少、果圆形、深紫色或深绿色的晚熟品种。

（2）适时采收。茄子是食用幼嫩果实，采收过早，含水量较高，不耐贮藏；采收过晚，肉质粗糙，果皮变厚，种子变褐，衰老变味。适时采收的标准是，果皮生长缓慢，萼片与果实连接触的白绿色环带不明显，果实鲜嫩，皮韧不老。

（3）勿采病果。不可采收有绵疫病地块的茄子用来贮藏，否则入贮不久即会腐烂。

（4）采收免伤。茄子应在霜前采收，避免霜冻，采收宜选晴天气温较低时进行，雨天和雨后不宜采收，采收时要轻摘轻放，避免各种伤损。

（5）采后散热预冷。茄子采收后应暂时放在阴凉通风处，散去田间热，并用各种方法尽快降温预冷。

（6）适贮条件及贮藏方法。茄子贮藏适宜温度为10~12℃，相对湿度为85%~90%。茄子对二氧化碳敏感，5%以上的二氧化碳会造成气体伤害。气调贮藏时宜采用2%~5%的氧气或5%以下的二氧化碳。其贮藏方法如下。

①简易贮藏：选无病伤的茄果，在窖内散堆，用牛皮纸、草帘或草席覆盖；也可用纸单果包，然后装箱，在库内堆码或摆架上；还可以用稻壳或干煤粉层积在窖内；注意贮期通风，防止腐烂，一般仅可贮15~20天。

②气调贮藏：选好茄子装箱，入冷库堆码预冷，用0.12~0.15 mm厚聚乙烯薄膜帐密封贮藏，或用0.04 mm厚聚乙烯薄膜袋衬箱装，折封后上架摆放或堆码。控制库温10~12℃，氧气2%~5%，二氧化碳5%以下，用薄膜帐贮或袋贮时，需施用仲丁胺进行杀菌防腐，可贮藏20~30天；还可以用打孔聚乙烯薄膜袋

小包装贮，一般每一小包装袋伤打一个直径 5 mm 的小孔，装箱在冷库内架上贮藏，仅用薄膜袋保湿，防止失水。

第三节　叶菜类蔬菜绿色保鲜技术

一、大白菜

大白菜是我国北方栽培面积最大，贮藏和销量最多的蔬菜。大白菜即结球白菜，有称包头白菜，以叶供食用。大白菜的品种繁多，目前北方各省主栽的有北京的中白系列，天津的津绿系列，山东的鲁白系列、丰抗系列，辽宁的超级白菜系列、辽宁系列、沈阳快菜系列等。大白菜属耐寒蔬菜，性喜冷凉湿润。贮藏要求低温高湿环境条件，贮藏室温为（0±0.5）℃，要求空气相对湿度85%~90%。

1. 大白菜贮藏期主要损耗是脱帮、失水和腐烂

大白菜贮藏期间的损耗主要是脱帮、失水和腐烂。入贮初期以脱帮耗损为主，入贮后期主要是腐烂损耗。整个贮期内水分会不断散失。

脱帮是温度、湿度高，晒菜过度，以及贮期自身产生的乙烯气体不能及时排出引起的。

大白菜贮藏期间容易失水萎蔫，应控制较高的相对湿度，但湿度过高，腐烂损耗又会加大，农谚中有"湿窖萝卜，干窖菜"的说法。所以提高相对湿度85%~90%为好。

大白菜贮藏期间腐烂主要是细菌性软腐病和真菌性软腐病引起的。在0~2℃温度下仍可造成危害。贮藏用大白菜应选晚熟、青帮或清白帮的耐贮品种，适当晚播，栽培期间注重磷肥的使用，以提高其耐贮性、抗病性。应注意田间的病虫害防治。收菜前1周左右时间要停止灌水，创造好的贮藏基础。

（1）适时采收。大白菜采收太早，包心不实，影响产量，而

且窖内温度高。需在窖外预贮时间长，增加损耗。采收太晚，易遭寒流受冻，冻菜不好贮，华北谚语"立冬不砍菜，必定要受害"。因此要适时采收，各地气候差异，适时采收期不同，由北向南采收期逐渐延后。东北、内蒙古地区在"霜降"前后，华北地区在"立冬"到"小雪"期间，江淮地区更晚。产地农民小批量贮藏，可以视天气变化，在避免遭受冻害的前提下，适当晚采，以减少窖外损失。大白菜一般应在八九成熟时采收为好，即耐贮，品质又好。收菜时一般要留 3~4 cm 短根砍倒，也有带根拔的。鲜贮多数砍根，留种和假植贮的要带根。

（2）适度晾晒。大白菜采收后往往需要在田间或窖外场地晾晒几天，使外叶失去一部分水分，组织变软，以减少搬运伤损，提高细胞液浓度，使冰点稍降，提高耐抗力；晾晒还有利于入窖（库）堆码，提高库容。但晾晒不利之处是组织萎蔫，破坏了正常代谢过程，促进体内水解作用，从而促进离层活动而脱帮，所以晾晒不能过度。一般晾晒 2~3 天，以失水减重 10%~15% 为宜。但晾晒要根据菜体含水状况和贮法而定。菜体含水较高，贮"活菜"的应多晾晒；菜体含水较低，贮"死菜"的可少晾晒。

（3）摘菜预贮。经晾晒的大白菜运至窖（库）外码垛预贮，等待温度降下来，方可入贮。预贮期间注意防热、防冻、防雨，此期应及时倒菜散热，防治伤热脱帮。

2. 大白菜贮藏管理要注意"三关"

通常窖藏和通风库藏大白菜的管理工作主要是通过放风和倒菜来调控贮藏的温度、湿度；放风可以调温、排湿，同时排出乙烯和其他不良气体。倒菜是变换菜棵位置，排散菜棵间的湿热气体，并借此摘除黄帮烂叶。大白菜贮期较长，要经历秋、冬、春三季几个月时间，根据气候条件和大白菜生理状况的不同，贮期管理重点抓好"三关"。

（1）前期管理重点是防"热关"。从入贮到"大雪"或"冬至"为贮期前期。此期间气温高，窖温也较高，大白菜代谢活动旺盛，放出的呼吸热多，窖温常高于0℃，白菜容易受热，此期称为"热关"。要求放风量大，放风时间长，使窖温度尽快降至0℃左右，此时可昼夜开启通风口，甚至可辅助机械鼓风。白天温度较高，尽量在夜间放风，既有降温效果，又有排湿作用。随着气温逐降，可逐渐缩短放风时间。此期倒菜要勤倒不摘或少摘，主要目的是降温排湿。

（2）中期管理重点是防"冻关"。从"冬至"到"立春"是全年最冷季节，窖温、菜温均易降低，白菜呼吸热量减少，此期是贮菜的"冻关"，管理工作应以防冻为主。放风要放"短急风"或"细长风"。放"短急风"是在夜间或清晨敞开通风口，使外界冷空气急速入内，至近通风口处菜体"冻起泡"为止，一般放半小时左右即可。放"细长风"是在冬季白天，控制通风面积不要太大，放风时间较长，窖内温度不会骤变，既可通风调温排气，又不会使菜受冻。此期倒菜次数减少，周期延长。可采取"慢倒细摘""不烂不摘"的方式，尽量保存外部帮叶。

（3）后期管理重点是防"烂关"。"立春"以后，气温回升，窖温也逐渐升高，大白菜经长时间贮藏，已进入衰老阶段，耐藏性和抗病性明显降低，此时易受病菌侵染而腐烂，进入了"烂关"。应加强通风，利用夜间外温较低时进行通风，注意南风天不要放风或少放风。防止温度回升，应加强倒菜，采取"勤倒细摘"方法，并降低菜垛高度。

3. 大白菜简易贮藏方法

大白菜各地简易贮藏方法很多，可根据当地气候和条件来选用。

（1）堆藏。南方地区冬季外部气候温和，不必入窖（库）贮，可在田间、空地的背阴处就地堆码成单行或双行菜垛。双行菜垛排法是两颗菜根向里，垛下的下部两根之间应留有一定距离，顶部合拢在一起，侧面看呈"人"字形，天热时通过垛间空隙通风调温排湿，天冷时堵塞两端空隙，采取覆盖防冻。贮藏期间要勤倒菜。

方法虽简便，但贮期较短，损耗较大。

（2）埋藏（沟藏）。山东、京津、大连等冬天不太冷的地区可采用。挖比菜棵略高的贮藏沟（从南向北沟深应逐渐加大），将白菜直立码在沟内，菜上先盖秸秆遮阴，然后再根据气温逐降而分次加厚覆土防冻。埋藏关键是贮藏初期沟温速降。凡有利于初期沟温的速降的措施，像在沟底设通风道、沟南侧设遮阴障等措施均可采用。该法白菜应尽量晚入沟，覆盖避免太厚，防止菜温高了，引起脱帮、腐烂。埋藏受土温影响较大，春天一旦气温回升，需立即结束贮藏。此法贮期不便于检查，耗损也较大，贮期比堆藏能长些。

（3）假植贮藏。可利用贮藏沟、阳畦、棚窖等场所，将包心不紧的大白菜连根拔起紧密地假植在里面。大白菜外叶用稻草或马莲捆住，上面用覆盖物盖起来，留有空隙，冷天加厚覆盖防寒，适时通风，天暖时中午揭开见见阳光。贮前浇一次透水，初期视土壤情况适当浇水，促使其缓慢生长，达到贮期增重的效果。

（4）窖（库）藏。窖（库）藏是各产地普遍采用的贮藏方法，贮藏窖有砖木结构的固定菜窖，也有砖混结构较大规模的通风菜库。共同特点是具有一定的保温性能和良好的通风系统。在窖（库）内的贮菜方法有垛藏、架藏、筐藏和挂藏。

垛藏：大白菜在窖内码成高 $1.5 \sim 2$ m，宽 $1 \sim 2$ 棵菜长的条形垛，垛间留一定距离以便通风和管理。码垛方法有"实心垛"和"花心垛"，前者码垛时叶朝外根相对，或根朝外叶相对，根据气温和窖温的高低而异，入窖初期采用叶朝外根相对排列为好，有利于通风散热排湿，入冬后改为根朝外叶相对排列，有利于保温防寒。实心垛码垛容易，贮量大，稳固，但通风效果差；"花心垛"垛内各层之间有较大空隙，便于通风散热，但垛不容易码，且不稳固。

北京地区还有码单"批"的，即按宽 1 棵菜长码单排（批），每层菜根叶方向相同，上下层间方向相反，层间用秸秆隔开，并两端缠绕住，3 m 左右长为一垛，高约十几层，每"批"间隔约 1 棵菜长距离，以利通风管理。这种方法散热好，而且贮量也大，垛较稳固，不易倒塌。

架藏：将大白菜分层摆放在固定或活动菜架上，层间距离30~35 cm，摆2层菜，可一直架贮到窖（库）顶。架藏菜每层之间都有空隙，有利于菜体周围通风散热。所以，架藏效果好，可贮"活菜"，减少晾晒，倒菜次数明显少，损耗较低，贮量也大，贮期也较长。

筐藏：将菜装在条筐内，每筐装 15~20 kg，菜筐在窖（库）内码5~7层高的垛。也可以用托盘坐筐，利用叉车码垛。这种贮法由于筐间和垛间有空隙，类似架贮，通风好，贮藏效果好。

挂藏：在窖（库）内搭设"人"字形挂架，高2~3 m，架上平行固定挂杆，间距约1棵菜长。大白菜用铁丝钩钩住根部，挂在架杆上。也可设挂柱，柱上设数层挂环，环上挂菜。挂贮能增大通风面积，菜体四周都能通风散热，适合冬季气温较高的南方地方贮菜，可减少倒菜次数，并降低损耗。

4. 强制通风贮藏白菜新方法

该技术的理论依据基于大白菜贮藏过程中自身产生的乙烯是脱帮损耗的原因，温度又是影响乙烯产生量和作用的重要因素。该法是对大白菜自身产生的乙烯进行有效的调控，利用强制通风控制窖（库）内气体、温度、湿度条件，达到适宜大白菜贮藏保鲜的环境条件，改变了过去忽视气温对大白菜贮藏影响的做法。该技术在北京、内蒙古等地曾推广应用。

（1）强制通风系统。对原有窖（库）进行改造，增强了强制通风系统。其系统由风机、风道、排风口、匀风空间、码菜窖和排气口组成。外风借助轴流风机强制通过风道、匀风空间，均匀分布，通过窖库地下的活动地板，再穿过每棵菜体间空隙，通过顶部排风口排出。风道沿窖库方向呈阶梯形爬升，分级变换截面，以利用风的迅速穿行。风道上盖板通过科学计算留出一定孔隙。整个通风系统配置合理，科学流畅。对传统自然通风窖（库）是一显著的改进。

（2）"井"字形交叉码菜。为使白菜菜体之间能均匀通风，改变传统码条形垛或码"批"的码菜方法，为上下层两横两竖交叉码成"花垛"，使菜体间都有缝隙，不再留专门的风道是给出缝隙均匀一致造成窖（库）各部压力均匀，使外风能均匀用过每棵菜间孔隙，有效地调控其间的温、湿、气，创造出前所未有的最佳贮藏环境。

上述强制通风系统配合"井"字形交叉码菜做法，解决了传统倒菜所要解决的换气、降温、排湿问题，简化了管理操作，节省了倒菜的劳力，提高了贮藏效果。整个贮藏期间的管理被简化，即入贮堆码好之后，唯一的管理就是视天气状况来开关风机，使白菜处在（0±0.5）℃的温度范围内。

该法利用强制通风可及时有效地排除白菜的田间热和呼吸热，使其能快速降至贮藏适温，只要外界有低温天气，一般3~4天就可降至0℃左右的贮藏适温；该技术充分利用外温来调节菜温，取外部低温做冷源进行降温排热，并通过均匀通风来使菜温稳定；强制通风可及时排除菜体自身释放乙烯对白菜脱帮的不利影响，有效地防止了乙烯等不良气体积累所造成的影响；堆码密度较传统堆码高，白菜排散的湿气能维持其周围较高的相对湿度；该法贮藏能比传统贮藏少损耗10%~20%，而且白菜品质较好。

二、小白菜

1. 小白菜贮藏主要问题是萎蔫、黄化和腐烂

小白菜也称白菜、青菜、油菜等，类型品种可分为秋冬小白菜、春小白菜、夏小白菜，其中秋冬小白菜和春小白菜冬性强、耐寒、丰产、可供短期储藏。小白菜性喜冷凉湿润气候条件，采后贮运中的主要问题是失水萎蔫、黄化和腐烂，控制这些变化的措施需要低温高湿环境条件，小白菜贮藏适温0~1℃，相对湿度95%~98%。

　　用来贮藏的小白菜应育苗移栽，育苗时施足基肥，适当稀播，出苗后及时间苗，避免徒长。一般播种后 25~30 天起苗移栽定植。小白菜根群浅，吸收能力较弱，生长时期应保证肥水供应，促使植株健壮，耐抗性强。小白菜植株长到一定大小可随时采收；贮藏用应采收成株，成株采收标准：外叶叶色开始变淡，基部外叶发黄，叶丛由旺盛生长转向闭合生长，心叶伸长到与外叶平齐时可陆续采收，一般需定植后 50~60 天收。沟藏的应在上冻前收获，冷库贮藏可不受季节限制。收获前 5~7 天应停止灌水，收获应选晴天，避免雨后采，或采后雨淋。采收应带 1~2 cm 的根，就地抖净泥土，摘去黄枯烂叶，理顺整齐，捆成 0.25~0.5 kg 的把，可就地就近沟贮，也可以进行冷藏。

　　2. 贮藏技术

　　（1）沟藏。在阴凉处挖东西向贮藏沟，深 0.5~0.6 m，宽 1.0~1.5 m。将收获后经挑选、整理、捆把，并经散热的小白菜根朝下密植在沟内，上面盖草帘，适当流出通风口，前期设法通风排热降温，中期加强覆盖，保持 0~1℃ 的低温，防止受冻。相对湿度保持 95% 以上，一般可贮藏 1~2 个月，有少量损耗。

　　（2）装袋冷藏。将挑选、整理、捆把的小白菜，送入冷库菜架上摆好，一般摆 20~30 cm 厚，预冷 24~36 h，待接近 0℃ 低温时，将其装入 0.03 mm 厚的透湿聚氯乙稀薄膜袋。每袋装量 1 kg 左右，折口，摆在菜架上，或装箱（筐）后摆在架上，控制库温 0~1℃，相对湿度 95% 以上，防止库温波动或温度过低，经常检查，一般可贮 1~2 个月。

　　（3）质量标准。上市小白菜要求植株完整，色绿鲜嫩，叶表不沾水；无泥土，无枯黄叶、烂叶，无花斑叶，无病虫斑叶。捆扎成把，有完好的筐（箱）包装。

三、菜薹

1. 品种和栽培

菜薹又称青菜薹、广东菜心、菜尖或薹用白菜，以鲜嫩的花茎和嫩叶供食用。菜薹分早熟种、中熟种和晚熟种；按叶片形态分圆叶、尖叶两种。在华南地区，四季生产，周年供应；早熟种供5—10月夏、秋市场；中晚熟种供10月至翌年2月秋、冬市场；南京、上海、杭州等地，除4、5月外，其他季节均可播种，分期采收供应市场。长江流域及其他地区，早熟种8—9月播种，9—10月采收上市；晚熟种9—10月播种，11—12月采收上市；中熟种介于二者之间，菜薹容易种植，即收即销，主要供鲜销上市。

2. 采收要求

菜薹应在长到与植株相同高度，叶子先端见初花的"齐口花"时采收；采收早了影响产量，采收晚了老化，品质会降低。如主侧薹兼收，采主薹时，在基部留2~3片叶处割收，留叶过多，侧薹多而细弱。主薹采收后，应及时补充肥水，促进侧薹生长。如只收主薹，采收节位可降低1~2节。供贮运用的菜薹应色正、鲜嫩、粗壮，不老化，无中空，无病虫害，花丛肥嫩整齐，长度不超过叶的顶端。主、侧薹应分别捆把，箱（筐）装。

3. 贮运特性和方法

菜薹采收后呼吸旺盛，易失水萎蔫、老化、黄化、不适长贮。贮藏温度（0.5±0.5）℃，相对湿度95%以上；一般可贮1~2周时间；远距离运销，应用保温车装运，装车前必须预冷至0~2℃。空运时，应采用泡沫塑料筐并加盖包装，在装入菜薹的同时，还需加适量的碎冰，有利于保持运输途中的低温、高湿条件。

4. 质量标准

上市菜薹要求花茎和叶片肥嫩整齐，长度不超过叶的顶端，无黄、烂茎叶，无病虫害，捆扎成把，要有良好的筐（箱）包装。

四、薹菜

1. 品种和栽培

薹菜又称云薹、云薹菜、油菜薹、薹用油菜或油菜心。以嫩叶、叶柄以及未开化的嫩薹供食用。薹菜分圆叶和花叶两种类型，其中圆叶薹菜抽薹迟，产量高，适宜越冬栽培。薹菜主要分布在黄河和淮河流域，江苏、上海也普遍越冬栽培，翌年4月采收，供应春淡季市场；若早春栽培，4—5月分期采收，供应春季市场；冬季假植软化栽培，1—4月分期采收，供应冬春季市场。薹菜主要供应鲜销。

2. 采收要求

薹菜在长到一定高度，花未开时，便可采收。采收勿早勿晚，早了产量低，晚了老化，品质降低，故应适时采收。一般是带薹整株采收。

3. 贮运特性和方法

薹菜采后呼吸代谢旺盛，易失水萎蔫，易老化、黄化，不宜久贮，仅适短时贮运；薹菜最适贮运温度为 $(0\pm0.5)℃$，相对湿度95%以上；运输时，需装网筐，加盖，避免日晒；长途调运，需经预冷0~2℃，装保温车运输。

4. 质量标准

上市薹菜，要求肥嫩、健壮、色绿，无中空、枯黄叶、烂茎叶、病虫害，捆扎成把，有良好的筐（箱）包装。

第四节　甘蓝类蔬菜绿色保鲜技术

一、甘蓝

甘蓝又称结球甘蓝、洋白菜、包心菜、卷心菜、圆白菜、莲花白等；又分为普通甘蓝、皱叶甘蓝和紫甘蓝等。其贮藏特性同大白菜相似，但比大白菜耐藏性、抗病性强；因为甘蓝含水量比大白菜低，干物质含量高，外叶附有蜡粉，包球紧实，抗寒力较强，收获和入窖期可稍晚，在贮运中损耗较大白菜少。甘蓝耐低温贮藏，且要求较高湿度；贮藏温度（0±0.5）℃，相对湿度90%～97%，可以利用薄膜气调贮藏，控制2%～3%的氧气和2%～5%的二氧化碳。

1. 埋藏

在地势较高，排水好的地块挖宽1.2～1.5 m的埋藏沟，深度视当地冻土情况，一般1.0～1.2 m深，将采后经预贮散热的甘蓝，视天气情况，在上冻前入沟，在沟内可堆放2～4层干甘蓝，上面覆盖秸秆，以后根据天气降温情况逐渐加厚覆土，既要防冻也要防热。对一些结球不紧实的甘蓝，可带根拔起，保留外叶，将其根朝下在沟内码紧，假植在沟内，入贮时可浇透水，然后适当覆盖，并适当通风，这样可在贮藏过程使之进一步充实增重，该法注意不要早埋，以免伤热腐烂。

2. 窖藏

甘蓝可以入通风窖（库）堆码贮、架贮或筐装堆贮；堆码可码成三角形垛、长方形垛；也可装条筐堆码，便于通风；最好是架贮藏，每层架上可摆放两层，架贮利于通风散热，比堆码贮可减少倒菜次数。

3. 冷库贮藏

甘蓝适宜冷藏。冷库贮藏基本上都是架贮，也可装筐（箱）堆码。这是为了便于通风散热。架贮是将采收后经散热预冷，并经修整的甘蓝，在菜架上一般摆放2～3层，表面可覆盖薄膜保湿，避免失水干耗，也可在充分预冷前提下装0.02 mm厚的聚乙烯或聚氯乙烯薄膜袋，挽口装箱（或筐）上架，或单个甘蓝套薄膜袋挽口装箱（或筐）堆码，以防失水，达到保湿的目的。

4. 气调冷藏

甘蓝可利用0.12～0.15 mm厚的聚乙烯或聚氯乙烯薄膜帐架贮，进行自发调气冷藏，控制库温−1～0℃、相对湿度90%～97%，氧气不低于 3%，二氧化碳不高于 5%。可冷藏延长贮期，并降低耗损，但贮藏成本略高。

5. 质量标准

上市甘蓝要求新鲜洁净，不沾水，包心紧实，无泥土，无老叶、黄叶，无花斑叶，无病虫害，有完好的筐（箱）包装。

二、抱子甘蓝

1. 品种和栽培

抱子甘蓝又称球芽甘蓝、子持甘蓝或姬甘蓝，以叶芽形成的小叶球供食用。分高、矮两种类型，按叶球大小可分成：大抱子甘蓝，叶球直径大于 4 cm；小抱子甘蓝，叶球直径小于 4 cm。我国近年从国外引进，做为特种蔬菜，主要在上海、北京、我国台湾等地保护地栽培，产量不高。南方 6 月中旬至 7 月上旬播种育苗，10 月上旬至翌年 3 月下旬采收上市供应。北京周边地区多选用早、中熟品种，6 月上旬播种，立秋前移入塑料大棚假植，11 月上旬至翌年 2 月陆续上市采收供应，主要供鲜销。

2. 采收要求

抱子甘蓝在小叶球包球紧实，外观色泽鲜绿、发亮时，即可采收。采后应暂时放阴凉通风处，使其散去田间热，再装箱（筐）供运销或短贮。

3. 贮运特性和方法

抱子甘蓝贮运条件和甘蓝一样，需要低温、高湿环境；贮运适宜温度为（0±0.5）℃，相对湿度 90%~95%；可利用薄膜包装气调冷藏，控制氧气 2%~3%，二氧化碳 2%~5%，生产上可将其装入 0.03~0.04 mm 厚聚乙烯或聚氯乙烯薄膜袋，挽口上架，控制库温（0±0.5）℃，相对湿度 90%~95%，进行自发气调，使其氧和二氧化碳控制在允许范围之内，可短贮 30~60 天。

4. 质量标准

上市抱子甘蓝要求小叶球包球紧实、鲜嫩、干爽，无黄叶，无病虫害；用良好的箱或薄塑料袋包装。

三、莴笋

1. 贮藏特性

莴笋是莴苣属中茎用莴苣，也称莴苣笋、青笋、莴菜等。主要食用肥大的肉质嫩茎和嫩叶，茎叶中含有白色乳状汁液，内含莴苣素，味苦，剥叶破皮会有汁液流出。莴笋含水量高，生理活性旺盛，采后贮运中主要问题是空心、褐变和腐烂。莴笋适宜低温环境条件贮藏，贮藏适宜温度 0~1℃，相对湿度 90%~95%，莴笋能耐受较高浓度的二氧化碳，可采用 10%~20% 的二氧化碳和 2% 的氧气进行气调冷藏。

莴笋春秋雨季栽培，春莴笋虽产量高，但不耐贮藏，秋莴笋耐寒性强，适宜贮藏，类型品种间耐藏性有差别，其中，以圆叶莴笋类型（另有尖叶莴笋）中外皮绿白的白笋（另有外皮浅绿的青笋和外皮紫绿色的紫笋）较耐贮藏。优良品种有北京鲫瓜笋、济南白莴笋、陕西圆叶白莴笋等。栽培上应适时播种、定植，一般在当地与大白菜同期收获，避免受冻。收获时应连根拔起，在阴凉处做短期晾晒、预冷。

2. 贮藏方法

（1）假植贮藏。挖南北延长，宽 1.5~2 m，深 0.6~0.8 m 的假植沟，或利用阳畦，选嫩茎肥大不空心、不抽薹、无病伤的健壮莴笋，摘除下部老叶，留顶端 7~8 片较小叶片，假植于沟内或畦内，植株间稍留空隙以便通风，并将莴笋稍向北倾斜，然后覆土至笋茎 2/3 处，将土踩实。视土壤含水状况，可适量洒水，防止洒水量过多造成莴笋腐烂，假植后在沟（畦）顶部应做覆盖。管理上主要是贮藏初期加强通风，防止温度过高，后期增加覆盖，加强保温防冻，调控温度 0~2℃，叶微冻尚可恢复，冻及茎部解冻后很易腐烂温度高了则导致抽薹，笋肉发软变褐，进而腐烂。

（2）气调冷藏。收获后去掉笋下部的叶子，用水冲洗茎部叶痕处流出的白色汁液（否则流出的汁液的叶痕处容易褐变），然后用 0.03 毫米的聚乙烯薄膜袋密封包装，每袋装 3~5 个笋然后装箱（筐），控制库温 0~2℃，相对湿度 90%~95%，可贮藏近 1 个月时间，外观及鲜度很好，叶子鲜绿，叶痕处只有轻微褐变。

3. 质量标准

上市莴笋要求新鲜肥嫩、色正、顶端可保留 4~6 个小嫩叶，下部不留叶片，不抽薹，不空心，无老根、锈斑、伤损、病虫害；有完好的筐（箱）包装。

四、菜花

1. 菜花贮藏要控制呼吸和乙烯释放

菜花又称花椰菜、花菜，是甘蓝的一个变种，以洁白未熟的花球供食用。性喜冷凉湿润条件，属半耐寒性蔬菜，忌炎热干旱，不耐霜冻，耐寒性不如甘蓝，以晚熟品种荷兰雪球、北京雪球、兰州雪球、秋巨等较耐贮藏，其贮藏条件要求基本上同大白菜和结球甘蓝。

（1）耐低温。菜花较耐低温贮藏，耐寒性不如结球甘蓝；要求在霜前采收，避免受冻，贮藏期间温度一般不应低于 0℃，适温 0~1℃。

（2）耐高温。菜花的花球组织柔嫩，易失水萎蔫；失水会促进花椰菜的衰老，使可溶性蛋白质含量下降，贮藏时要求 90%~95% 的相对湿度。

（3）气调效果不明显。菜花采用薄膜气调效果不明显；利用薄膜包封的保鲜效果，主要是防止失水造成萎蔫。

（4）要控制呼吸和乙烯释放。菜花采后呼吸作用促进其衰老变质；贮藏期间要设法排除环境中的乙烯。避免与释放乙烯明显的产品混贮。菜花贮藏中呼吸强度较高，要避免二氧化碳气体伤害。

2. 菜花贮藏中要防止散球、褐变和生霉

菜花贮藏中的主要问题是散球、褐变和生霉。

（1）花球松散。菜花贮藏期间未成熟的小花继续生长而分开，变的不密集，花球呈松散状态，这是一种衰老现象。田间采收偏晚，采后贮运过程中环境温度较高，湿度较低，造成呼吸旺盛，失水较多，都会促使其散球。所以贮藏菜花应适期早采，一般八九成熟时采收。贮藏中要创造低温、高湿环境条件。

（2）花球褐变。菜花贮藏过程中条件不适宜会使花球变黄、变暗，出现褐色斑点，影响其商品感观质量。褐变原因是菜花采前因外叶散开或采后去掉外叶暴露阳光所制；或采前遭受霜冻或贮运中遭低温冻害；或储运中失水老化；或采收和贮运过程中，受各种机械伤损；或受病菌侵染等。所以，菜花采前应采取束叶措施，采后避免剥去外叶，应留3~4片保护叶，避免暴露阳光下；防止低温冻伤，并避免在贮运过程中造成摩擦、积压和其他机械伤损；保护花球免受损伤。

（3）花球表面生霉。菜花球表面生霉与衰老、冻伤、机械伤损、气体伤害、外来污染均有关，都可能给病原微生物造成乘虚而入的侵染机会，进而引起花球霉烂，采用塑料薄膜包装气调贮藏，可能因预冷不透即装袋，或库温波动等原因造成袋内凝水滴落在花球上，为病源滋生创造条件，导致花球生霉。对此，可以从抑制新陈代谢，延缓衰老，防止各种生理、机械损伤，加以防治，通过充分预冷再装袋，稳定库温，防止波动来避免凝水，或采取防腐措施来防治。

3. 菜花贮藏前的技术要求

菜花贮藏不同于一般蔬菜贮藏，保险标准要求相对较高；要求花球紧实无散花，色泽洁白，无变色，新鲜柔嫩，不失水萎蔫，品味正常，无异味。

（1）选耐贮品种。贮藏用可选晚熟、耐寒、球大紧实的荷兰雪球、北京雪球、兰州雪球等品种。

（2）栽培期防止缺钾、缺硼。缺钾会使花球发生黑心现象，缺硼会引起花球开裂、出现斑点。

（3）栽培后期束叶。植株结球不久需用稻草或绳子将外部3~4片叶轻轻捆住，防止阳光直射。

（4）采前停止灌水。采收前1周停止灌水，若遇大雨，延迟采收。

（5）适时采收。做较长期贮藏用的花球，应适当早采，八成熟左右分批采收，选花球紧实、叶球圆正、表面光洁的。

（6）采收免伤。采收应保留短根和3~4片外叶，保护叶球。轻采、轻装、轻运，避免污染和伤损。

（7）选球、预冷包装。采后选出变色、散球、病虫、伤损的花球，经散热预冷和包装备贮。

4. 菜花最好选用薄膜气调冷藏

（1）自然低温贮藏。一是采取普通窖（库）藏。产地利用普通窖或通风库，在天气上冻前，将选好的花球装筐（或箱），在窖（库）内码垛，或将花球摆在菜架上，表面覆盖薄膜保湿。利用通风系统和覆盖措施进行降温散热和保温防冻，并创造较高湿度，一般可贮1~2个月。二是采用假植贮藏。在冬季不太冷的华北地区，立冬冻土前，把延晚定植，长到六七成熟的花球带根拔起，用稻草把外叶束捆，紧挨着假植在沟内，浇上透水，前期白天覆盖，晚上揭开，维持较低温度。后期加强覆盖，并注意通风，适当见光，促使其在贮藏过程中，缓慢长大。

（2）冷库贮藏。菜花适合冷藏。将包装的花球在冷库内堆码或上架摆放，控制库内温度，0~1℃，相对湿度90%~97%，可贮两个月以上。一般采用3种方法，一是筐（箱）装垛藏，将选好的花球根朝下装在筐（箱）中，筐（箱）口盖上纸或薄膜，再盖筐盖，送入冷库码垛贮，注意留出空隙，以利通风；二是纸包装筐，然后送入冷库堆码贮，这样做保鲜效果好，失水较少；三是消毒纱布覆围架贮，将选好的花球在冷库菜架上根朝下摆放，每层架摆2~3层花球，然后用稀释300倍（0.33%）的福尔马林液消毒过的纱布覆盖围布在花球表面和架四周，可起保湿、防腐双重作用。减少了花球贮藏过程中的失水和腐烂损失。注意纱布应隔1~2天浸泡消毒1次。

（3）薄膜包装气调冷藏。采用塑料薄膜包装可起到优于普通冷藏的效果，可贮2~3个月时间，一是将选好的花球摆放在冷库菜架上，充分预冷后，将菜架用塑料薄膜罩上或四周围上，不密封，仅起到保湿作用。二是用薄膜袋衬筐，垛藏，将选好并经预冷的花球，装在衬有0.03 mm厚的聚乙烯或聚氯乙烯薄膜袋的筐内，塑料袋折口不密封，保湿保鲜效果不错，但应注意花球彼此间避免摩擦、挤压、以免伤损染菌，造成腐烂。三是单花球套袋装筐，垛藏或架藏，将选好的并经预冷的花球采用单球套塑料膜袋折口装筐，或直接堆摆在菜架上。常用0.015~0.02 mm厚聚乙烯或聚氯乙烯膜做成（35~40）cm×（30~35）cm的袋，装筐或摆在架上时，应注意球面朝下，防止凝水滴落在花球表面，污染褐变和染菌生霉、腐烂，这种贮法可避免花球彼此摩擦受伤和霉烂传染。四是塑料帐贮，将选好的花球摆在用0.12~0.15 mm厚聚氯乙烯膜做帐底的菜架上，每层摆2~3层花球，或装木（塑）周转箱放在菜架上，经充分预冷后，扣上事先热封好的同厚度的薄膜大帐，每帐可罩1 000~3 000 kg花球。帐底边与铺底薄膜四周卷合封闭好，造成气体密闭条件。采用自然降氧、或快速降氧来调节帐内氧不低于10%，二氧化碳不高于5%，并放置适量乙烯吸收剂来吸收贮期释放的乙烯气体，可获得较好的保鲜效果。

还可以采用打孔薄膜袋或硅窗薄膜袋、帐自动调气气调冷藏，也可起到好的保鲜效果。

五、绿菜花

绿菜花也称青菜花、西兰花等，属结球甘蓝的一个变种，从欧洲引种我国时间不长，营养较花椰菜丰富，也是食用鲜嫩的花球。绿菜花贮运应采收紧实未散开的幼嫩花球，贮运过程要防止散球、黄化、褐变、霉烂。生产中很少贮藏绿菜花；其贮藏特性基本同菜花；可采用低温高湿条件贮运，贮运适温 0~1℃，相对湿度 90%~95%，适合塑料薄膜包装冷藏，控制呼吸作用，延缓衰老，防止失水，控制散球黄化的保鲜效果较好，一般可贮藏 1~2 个月。运销过程中主要是保持高标准的鲜嫩品质，要求经预冷后再装箱，在保温箱内填加碎冰降温，并维持较低（接近0℃）温度和较高湿度。

第五节　绿叶类蔬菜绿色保鲜技术

一、菠菜

菠菜属耐寒喜湿蔬菜，其耐寒性强，有些品种可陆地越冬栽培，忍受 −30℃ 以下的低温。菠菜采后贮运中的主要问题是失水萎蔫、黄化和腐烂，可采用低温高湿的条件来控制其失水萎蔫、黄化和腐烂。一般冷藏适温为（0±0.5)℃，微冻贮藏温度为−4~−2℃，相对湿度为95%~98%，可以采用气调冷藏，袋内氧和二氧化碳应分别控制在 5%~6%。

菠菜分有刺（尖叶）和无刺（圆叶）两个变种。有刺变种又称尖叶菠菜，叶片薄而窄小，叶端尖，叶面光滑，叶柄细长，质地柔嫩、耐寒力强，适宜微冻贮藏。无刺变种叶片肥大，多皱褶，叶端钝圆，叶柄粗短，耐寒力较弱，可做冷库贮藏。

供贮的菠菜应适当晚播，栽培时要保持适当株距，肥水充足，保证植株健壮，色深叶肥耐抗性强。收获前 1 周应停止灌水，提高耐寒力。适时收获是取得冷藏和微冻贮藏成功的重要环节。一般冻藏的菠菜应在地面开始解冻前开始收获，冷藏的菠菜应再早些收获。应避开正午，在早晚时间收。收时带 2~3 cm 根，收后就地去掉黄枯烂叶，捆成 1~2 kg 的大捆，就地冻贮，或假植贮，或运至冷库，经再挑选整理，去除伤、病、弱的菜棵，重新捆成 1.0 kg 左右的捆，进行冷藏。

（1）微冻贮藏。各地具体操作方法有所不同，主要区别在于开沟多少，是否设置风障，以及沟底通风道如何设置。有开单沟、多沟和畦等，窄沟要设遮阴风障，宽沟要在沟底设 2~3 道通风道。两端通出地面，通风沟上盖秸秆。窄沟每间隔 20 cm 左右挖一道，不设通风道。冻贮菠菜要在风障或房屋北侧阴凉处 20~30 cm 浅沟，将整理捆好的菠菜直立码在沟内，上面薄薄盖一层沙土，以后随气温逐渐增加覆土厚度，使菠菜呈现微冻结状态，中间不能时冻时化。一般不需开沟检查，直至上市。上市前 3~4 天应将其起出，放到 0~2℃ 的室内经缓慢解冻才可销售。解冻温度过高，融水不能被体外细胞吸收而外流，使组织失去膨压，不能复鲜，且外流汁液易引起染菌腐烂。

（2）冷库贮藏。将整理好并捆捆的菠菜，摆放冷库采架上，进行预冷，摆的不要太厚，20~30 cm 厚即可，经 24 h 左右时间，将其冷却到接近 0℃ 温度，然后装入 0.03~0.04 mm 厚的聚乙烯或聚氯乙烯薄膜袋中，每袋 7.5~10 kg，装袋时将菠菜根朝袋底，叶朝袋口，一把一把呈梯田状摆。装袋后再敞口放风 1 天，排散余热，然后扎紧袋口，或松扎袋口。控制库温（0±0.5）℃，相对湿度 95%~98%，气体控制在氧和二氧化碳均为 5%~6%，可贮 3 个月左右时间。

（3）质量标准。上市菠菜要求菜棵完整、洁净，不沾水，叶片色正、鲜嫩，不抽薹，根部无泥土、枯黄叶、花斑叶、病烂叶，捆扎成把，用完好的筐（箱、袋）包装。

二、芹菜

芹菜也属耐寒绿叶菜。性喜冷凉湿润环境条件，耐寒性仅次于菠菜，芹菜可在 -2℃ 左右条件下微冻贮藏，芹菜采后贮运中的损失同样是失水萎蔫、黄化和腐烂。芹菜食用部分叶和叶柄幼嫩，缺少保护组织，采后常温条件下很容易失水萎蔫，同样会褪绿变黄、染菌腐烂。若想控制上述变化，应创造高温环境。芹菜贮藏适温 0 ± 0.5℃，微冻贮藏或假植贮藏可用 -2℃ 左右温度，温度过低会使叶和叶柄冻成暗绿色，难以解冻复鲜。相对湿度应在 95%～98%。芹菜可以进行塑料薄膜密封气调贮藏，控制氧气 3% 以上，二氧化碳 5% 以下的气体成分适宜。

　　芹菜分中国芹菜和西洋芹菜两种类型，普遍栽培的中国芹菜中的青芹分实心和空心两种，实心芹菜叶柄髓腔很小，腹沟窄而深，品质好，产量高，耐寒性强，耐挤压，耐贮藏。北京、天津、山东、河南等地均有一些优良耐贮藏的实心品种芹菜。空心品种不适贮藏，贮后往往叶柄变糠，纤维增多，质地粗糙。西洋芹菜多为实心，叶柄宽扁而肥厚，脆嫩质好，国际上优质品种有矮白、矮金、伦敦红等。西洋芹菜较耐贮藏。

　　贮藏的芹菜应适当早播，栽培上要间开苗，保证肥水，促使芹菜色绿健壮，耐抗性强。芹菜最忌霜冻，遭霜冻的芹菜叶变黑。耐藏性明显降低，所以供贮藏的芹菜要在霜冻前收获，应比菠菜早些收。收获前一周，应停止灌水，提高耐寒力。收获应选晴天早晚进行，收时要连根铲下，带 2～3 cm 根，就地挑选整理，除掉黄枯烂叶，捆成 1.0～1.5 kg 就地进行微冻贮藏、假植贮藏，或运至冷库，经预冷后进行冷藏。

　　1. 简易贮藏

　　（1）微冻贮藏。在风障或房屋北侧建地上或半地下式冻藏窖，窖的四周筑土墙，在南墙中间每隔 1 m 左右做垂直通风筒，与窖底通风沟相通。在窖北墙贴地表处，挖进风口，与通风沟相通，窖底铺秸秆，上覆细土，将捆成捆并经散热的芹菜，根朝下倾斜紧码在窖内，上盖薄土，入贮初期利用通风系统排热降温，调控 -2～-1℃ 低温，使其逐渐冻结，以后随气温逐降，堵塞通风系统并增加覆盖，防止冻结过度。整个贮期保持芹菜处于微冻状态，勿出现时冻时化现象。出窖时需拿到 0～2℃ 的低温室内，经缓慢解冻，再行挑选、整理，重新捆把后，再上市销售。

　　（2）假植贮藏。将挑选整理过的带根芹菜，单株或多株直立栽到假植沟中，适当留有空隙，假植沟预先浇透水，以后视土壤情况随时浇水，沟顶盖草帘，酌留通风口，随气温下降添加覆盖，并堵塞通风口，维持沟内0℃左右低温和95%以上高湿，使其处在极缓慢的生长状态。整个贮期，经常检查，前期防热，中期防冻，后期防烂。

2. 气调冷藏

将挑选、整理、带根捆把的芹菜，送入冷库菜架上摆放预冷，摆放20~30 cm厚，预冷24 h左右，待芹菜温度降至接近0℃时，装0.03~0.04 mm厚聚乙烯或聚氯乙烯薄膜袋，每袋10~15 kg，扎紧袋口，或松扎袋口（松度约20 cm），摆在菜架上。也可装衬垫带孔薄膜的纸箱内，在冷库内堆码或摆放在菜架上。扎袋口的，控制其内氧气不低于3%，二氧化碳不高于5%，及时开袋放风调气。维持库温（0±0.5）℃，相对湿度95%~98%为宜。

三、香菜

香菜也称芫荽、香荽、胡荽，也属耐寒香辛绿叶菜，性喜冷凉湿润环境，耐寒性较强，可忍受轻微冻结，经缓慢解冻可复鲜。采后贮运中主要问题同样是失水萎蔫、黄化和腐烂。创造低温高湿条件可控制上述衰败。香菜贮藏适温（0±0.5）℃，微冻贮藏可耐受−2~−1℃低温。相对湿度应在95%~98%。香菜采用薄膜密闭气调冷藏应控制二氧化碳7%~8%气体成分。

供贮藏香菜应比直接上市供应的晚几天播种，使其收获期晚些。苗期适当间苗，株距稍大些，栽培上应肥水充足，促使植株健壮、色绿。采前5~7天停止灌水，降低植株含水量，增强其耐寒性。收获期应在早晚地面上冻，中午能化开时为宜。收获应选在晴天上午露后或下午日落前进行，避开雨后收，防止收后遇雨和受晒、受冻。收割香菜应带2~3 cm根，或带全根拔收。收后抖掉泥土，摘掉黄枯烂叶，捆成1.0 kg左右的捆，就近就地进行微冻贮藏，或运至冷库进行气调冷藏。

1. 微冻冷藏

将带根收获的香菜先进行预贮；原地挖深 15~20 cm 的浅沟，将香菜一层一层摆进沟内，然后覆一层薄土。也可挖宽 1 m，深 15 cm 左右的浅沟，将香菜根朝下，叶朝上倾斜放好，顶上覆一层薄土。冻藏沟应在背阴处挖深约 35 cm、宽约 1 m 的东西向沟。在外温冻土时，将预贮的香菜，经选择，重新捆成 1 kg 左右的捆，交叉斜放在底部垫有沙子的沟里，上面覆一层湿土，利用外部低温使其轻微冻结。以后随气温的降低逐步增加覆土厚度，防止冻结过度。冷藏期间要避免时冻时化，一直保持微冻状态。冻藏香菜上市前需移至 0℃ 左右低温室内，缓慢解冻，方可销售。

2. 气调冷藏

将经挑选、整理、捆把的香菜，送入冷库，根里叶外摆在菜架上，厚度 20~30 cm，预冷 24 h 左右，使温度降至接近 0℃，然后将预冷透的香菜，根里叶外装入厚 0.04 mm 规格 1 100 mm × 600 mm 透湿聚氯乙烯薄膜袋内，摆到菜架上。每袋装约 7.5 kg，松扎袋口，松度约 30 mm，起到自动调气作用。一般二氧化碳在 4%~8%，积累过高时，应开袋调气。放风 3~4 个小时，待袋内二氧化碳降至 1% 以下时，再松扎袋口。贮期应控制库温（0 ± 0.5）℃，相对湿度 95%~98%。贮藏期间应经常检查，及时发现、处理黄烂变质的。一般可贮藏 2~3 个月。

3. 质量标准

上市香菜要求菜棵整齐，不沾水，色绿鲜嫩，不抽薹，根部无泥土，无枯黄叶、病烂叶，捆扎成把，有完好的筐（箱）包装。

四、韭菜

1. 冷藏技术

韭菜各地均有栽培。食用部分为嫩叶和柔嫩花茎。一般栽培的主要是叶片宽厚、柔嫩，以食叶为主的叶韭。韭菜含有挥发性硫化丙烯，具辛香味。韭菜属耐寒而适应性强的蔬菜，地上部嫩叶能忍受-5~-4℃的低温，根茎在气温达-40℃时也不会冻死。韭菜为半喜湿性蔬菜，其叶片扁平、细瘦，表面覆有蜡粉，角质层较厚，气孔深陷，水分蒸腾较少，具耐旱生态型，栽培中适于较低的空气湿度，湿度过大，易烂叶。采后主要问题是失水萎蔫和发热、变黄、腐烂，韭菜贮藏适温0~1℃，相对湿度90%~95%。

韭菜再生力强，生长速度快，一年可收割多次。一般不需要长期贮藏。若贮藏需采后用塑料薄膜袋装冷库贮藏。韭菜收割应注意留茬高度，农民有"抬刀一寸"和"让刀如上粪"的谚语，留茬以鳞茎上3~4 cm为适宜下刀处，勿伤及"葫芦"，下刀过高，降低当茬产量，下刀过低，损伤根茎，影响下茬韭菜生长和产量。用于贮藏的韭菜应在采前1周停止灌水。收割韭菜以清晨为好，避免炎热的中午和阴天收割，以保证产品鲜嫩。收割下来的韭菜，应剔除黄烂和病虫叶，抖净茎基泥土，捆成0.5~1.0 kg的小捆，送至冷库菜架上摊摆，或装箱上架、堆码，或预冷至近0℃低温，再装入0.03~0.04 mm厚的聚乙烯或聚氯乙烯薄膜袋中，每袋可装10~15 kg，折口或松扎袋口，或采用带孔薄膜袋装，摆放在冷库菜架上，或装箱堆码在冷库内，装袋可以保持袋内较高的湿度，减少失水，并有一定的自发气调效果，库温应控制在0~1℃，一般可贮30~40天，保持其鲜嫩品质。

2. 韭菜运输保鲜技术

韭菜是南北运输流通鲜销的主要蔬菜，其保鲜技术归纳为如下要点。

（1）运前预冷。韭菜货源集散地必须有预冷库、造冰厂和加冰设备。韭菜收割后需尽快整理、包装，入预冷库预冷、散热，使其品温能在24 h内降至近0℃温度。

（2）做好运输包装。应根据运输形式做包装。若用保温火车运输，可用纸箱、塑料筐、竹筐，不能用纸箱包装，以免冰水浸湿变软倒塌，可将预冷、捆好的韭菜，装0.015 mm厚的聚乙烯薄膜袋，扎口装箱、筐。或装衬垫同样厚度薄膜的箱、筐内，折盖包装，或装箱、筐后，用薄膜袋套在外边。装箱不能过满、过紧。筐、箱盖要钉牢，能承压，不易破损。

（3）选好运输车辆。一般 500~1 000 km 中、短距离运输，可选长厢保温汽车运输；1 000 km 以上长距离运输，应选火车或高速公路汽车运输。具体车辆可用机械保温车、保温集装箱、加冰保温车或土保温加冰车等来运输。

（4）正确装车。机保车和冰保车的装车应将包装好的菜箱、筐，从车厢一端开始，按顺序堆叠，码放整齐，左右靠紧，牢固不倒，装满后关门。将机保车的温度控制在 3℃ 以下。冰保车在始运前应将 7 个冰箱加满冰，运输视距离远近，在途中加 1~2 次冰，以维持车厢内 3℃ 以下的低温。加冰棚车应在装箱前，先在车厢中心部位堆一道人工冰墙，然后将菜箱、筐堆码在冰墙周围，装满后关门。加冰棚车应在车厢内用稻草或草垫子铺底，车厢内侧挂两层棉被，或一层薄膜加两层棉毯，然后在车厢底部铺一层 30 cm 厚人工冰，冰层上码两层菜箱，上面再用棉被、棉毯，折包覆盖严。这种包法中间不要加冰，即可维持低温，又可保温防冻。

（5）快速运输。装车后应尽快起运，昼夜运行，争取快速、平安运抵销地，一般铁路 3~5 天能从南部运到北部。

（6）快批、快销。运抵目的地后，应即时批销，可暂在 0~1℃ 冷库内周转短贮几天，货架销售期仅 1~2 天。避免较长时间批销，造成损失。

3. 质量标准

上市韭菜要求菜叶整齐洁净，不沾水，色正鲜嫩，不抽薹，根部无泥土、杂质、无黄叶、病烂叶、虫斑叶，无折断，捆扎成把，有完好的筐（箱）包装。

五、结球莴苣

结球莴苣属叶用莴苣 3 个变种之一，系心叶形成叶球，其中以适生食、口感好、叶球大、色绿、质脆、鲜嫩，结球紧实的皱叶结球类型莴苣，适宜短期贮藏。结球莴苣性喜冷凉湿润条件，采后贮运中主要问题是萎蔫、腐烂；属耐藏性差的蔬菜。可采用低温高湿条件进行短期贮藏。贮藏适温 0~2℃，相对湿度 90%~95%。结球莴苣对乙烯敏感，乙烯可使叶球产生锈斑。所以，应避免与苹果、梨等产生乙烯的果实混贮。

供贮藏结球莴苣应选叶片糖分高、蛋白质含量低的品种，栽培上应增施有机肥，勿过多施用氮肥，以生产体积小的嫩叶球贮藏性好。采前几天勿灌水，以提高其耐抗性，忌雨后收获或收后淋雨。采收要细心，避免伤损。

结球莴苣可进行塑料薄膜包装冷藏；选无病伤的叶球，先在冷库内预冷 12~24 h，使其温度尽快降至接近 0℃，然后单叶球装入厚度 0.02 mm 的聚乙烯塑料袋，摆放菜架上，或在冷库内堆码，适当留出空隙，调控 0~2℃ 的温度和 90%~95%的相对湿度。一般可贮 20~30 天。

六、莴苣

1. 品种和栽培

莴苣又称叶用莴苣，俗称生菜，以鲜嫩硕大的叶片供食用，最适宜生食；莴苣按形态分为皱叶莴苣和直立莴苣，莴苣我国各地均有栽培；不仅露地栽培，更适合温室、大棚、阳畦等保护地栽培；合理地排开播种，基本可实现周年上市供应，莴苣适宜鲜销即食。

2. 采收要求

莴苣采收要求不严，可依市场需求，随时采收上市。供短贮或运销的，要求在无雨天采收，采前 1~2 天停止灌水，雨后 1~2 天再采。

3. 贮运特性和要求

莴苣含水量高，组织柔嫩，低于 0℃ 温度，易受冻害，贮藏适温为 0~1.0℃，相对湿度 95%~98%；莴苣采后呼吸代谢旺盛，采后常温下极易失水萎蔫、黄化、腐烂，低温下仅可冷藏 1~2 周时间；冷库短贮，需经短时间预冷至 2℃ 以下，并散失掉表面水分，装 0.02~0.03 mm 厚薄膜袋，挽口不密封，上架摆放，控制适宜的库内温、湿度。注意莴苣不能与容易释放乙烯的苹果、甜瓜等果蔬混合贮藏，以免受其产生的乙烯气体影响，导致叶片发生锈斑。莴苣可进行假植贮藏，在入冬前，待气温降至接近 0℃ 时，将露地栽培的莴苣连根拔起稍晾一宿，使叶片稍蔫，以减少倒运时的机械损伤，第二天就可囤入阳畦内假植；将其一棵挨一棵囤入，用土埋根，视土壤状况，适时浇水，白天支棚通风防热，低温时，夜间用薄膜或草苫覆盖防冻，经常检查，使之缓慢生长，贮藏保鲜一个月左右时间。

莴苣长距离运输应经预冷 2℃ 以下，装筐，用保温车运输，或在筐中加冰，运输时间为 2~3 天。

4. 质量标准

上市莴苣要求株棵整齐、色正、新鲜，无黄叶、烂叶，无病虫害，有良好的筐（箱）包装。

七、茼蒿

1. 品种和栽培

茼蒿又称蒿子秆、蓬蒿和春菊，以幼嫩的茎叶供食用。茼蒿按其形态可分为大叶茼蒿、小叶茼蒿和花叶茼蒿等品种类型。大叶茼蒿香味浓，品质佳，南方多有栽培；小叶茼蒿叶小，多分枝，耐寒性较强，主要在北方栽培；花叶茼蒿茎叶柔嫩多汁，有特殊香味，较少栽培；茼蒿适应性强，生长期短，即可陆地栽培，又可保护地栽培，可合理排开播种，周年采收供应市场；茼蒿主要供鲜销鲜食。

2. 采收要求

因品种不同，茼蒿生长期 30~70 天，可在播种后，待株高超过 20 cm 时，一次性收割；也可在播种后，株高超过 15 cm 时，分期分批间收；春茼蒿易抽薹，应在抽薹前采收。

3. 贮运特性和方法

茼蒿含水量高，组织柔嫩，采后呼吸代谢旺盛，易失水萎蔫、黄化、腐烂，适宜鲜销，不以久贮长运；贮运要求 0~1℃ 温度，95%以上相对湿度。冷库短贮要求先行预冷，再装薄膜袋，挽口不密封，上架摆放，调控适宜温、湿度，最多可贮 2~3 周时间。

4. 质量标准

上市茼蒿要求茎叶整齐、均匀、色绿、鲜嫩，不抽薹，无黄叶、烂叶，无病虫害，捆扎成把，有良好的筐（箱）包装。

八、蕹菜（空心菜）

1. 品种和栽培

蕹菜（空心菜）又称竹叶菜、藤藤菜或同心菜，以嫩梢、嫩叶供食用；蕹菜按其结籽与否分为子蕹和藤蕹；按其栽培方法分为旱蕹和水蕹；子蕹以旱栽为主；藤蕹柔嫩、质优，一般利用水稻田或沼泽地栽种。我国华南、西南地区盛产，华东、华中、我国台湾等地普遍栽培；一般春、夏、秋均可播种，约 40 天采收，周年不断采收上市，为市场上的常见绿叶菜。

2. 采收要求

蕹菜为一次性种植，多次采收蔬菜；适时、合理采摘是优质、高产的技术关键。当主蔓或侧蔓长到 30 cm 左右，即可采收；在生长前期或后期，气温较低，生长缓慢时期，一般 10 天左右采摘 1 次；在气温较高的生长旺期，每周可采摘 1 次。藤蔓过密时，可疏去部分弱枝，以保证整个生长期间的产品品质。

3. 贮运特性和方法

蕹菜茎叶柔嫩，含水量高，采后易失水萎蔫、老化、腐烂；适宜即产即销，不适合久贮远运。短贮或调运的适宜温度为 5~8℃，低于 5℃ 会出现冷害；其症状是叶片发生斑点，叶柄呈暗褐色，商品性和食用价值均受影响；适宜贮运相对湿度为 95%以上，贮运是要注意通风，防止伤热黄化、老化和腐烂。

4. 质量标准

上市蕹菜要求茎条均匀，切口整齐，色绿、鲜嫩，无黄叶、枯叶、斑叶，无病虫害，捆扎成把，有良好的筐（箱）包装。

九、茴香

1. 品种和栽培

茴香又称茴香菜、菜茴香或香丝菜，以鲜嫩的茎叶供食。茴香按茎叶大小分为大茴香、小茴香两种类型；大茴香抽薹早，适合春播；小茴香抽薹晚，适合周年播种栽培；茴香南方种植较少，主要是秋播；北方普遍种植，主要是春、秋两季栽培；一般播种后40~60天采收供应市场。

2. 采收要求

茴香春播，当年收割两次，秋播当年只收一次；若露地越冬栽培，翌年春季可开始陆续收割4~5次；茴香一般播种后40天左右，当植株长到30 cm左右时便可采收，采收应在晴天，避免雨天采收。

3. 贮运特性和方法

茴香属柔嫩易腐绿叶蔬菜，采后极易失水萎蔫，易老化、腐烂，主要为即产即销蔬菜，不宜久贮长运；贮运适宜温度0~1.0℃，相对湿度95%以上。

4. 质量标准

上市茴香要求菜棵整洁、新鲜，无泥土、杂物，无黄叶、烂叶，无病虫害，捆扎成把，有良好的筐（箱）包装。

十、根达菜

1. 品种和栽培

根达菜又称牛皮菜、厚皮菜或光菜，以肥厚的叶、梗或嫩苗供食用。根达菜根据叶片、叶柄特征可分为青梗种、白梗种和皱叶种3种类型。青梗种主要供采食嫩苗用；白梗种可供剥取嫩叶梗食用，所以，应根据当地居民喜食部位来选择种植品种类型。根达菜南北方均可种植；南方春、秋播种，供应春、冬市场；北方春播，主要供应夏季市场。根达菜主要是即产即销，是一种深受消费者喜食的重要绿叶菜。

2. 采收要求

根达菜播种后40～50天即可结合间苗拔采嫩苗供食。若食用嫩叶，需长到6～7片大叶时，开始剥取外叶，一般每次剥取2～3片叶，采收后及时追施肥水，促进内层叶片继续生长和新叶萌发，以后每隔10天左右即可剥采1次，宜勤采轻剥，常年供应市场。

3. 贮运特征和方法

根达菜组织柔嫩，含水量高，采后呼吸代谢旺盛，易失水萎蔫、黄化、老化、不适久贮长运；短期贮运适宜温度0～1.0℃，相对湿度95%左右。根达菜贮运过程中要防止失水、热伤、冻伤，注意通风。

4. 质量标准

上市根达菜要求菜棵均匀、叶片完整、色正鲜嫩，不抽薹。无折断，无枯黄叶、烂叶、病虫叶、捆扎成把，有良好的筐包装。

十一、香椿

1. 适贮条件

香椿即香椿芽，系多年生落叶乔木，以其鲜嫩茎叶供食用。香椿具有特殊的香味，加之富含蛋白质、维生素C、钙、磷等营养物质，已发展成为经济价值较高的蔬菜，许多山区将发展香椿栽培列为脱贫致富的项目。山东、安徽、河南、陕西等地广泛栽培。

香椿茎叶非常鲜嫩，含水量较高，生理代谢旺盛，呼吸作用强，贮后贮运中失水萎蔫、叶片脱落和腐烂是其主要的问题。香椿因表面积大，在缺少包装的情况下，很容易失水萎蔫，尤在较高温度和较低湿度条件下更是如此。香椿叶片脱落现象是指小叶叶柄从羽状复叶上脱落或整枚羽状复叶从芽体上脱落。叶片脱落与环境温度成正比。0℃ 低温条件可明显减少其脱落。另外，叶片脱落与相对湿度高低相关，即相对湿度较低时，其叶片脱落率明显降低。还有，香椿对乙烯非常敏感；0.5 mm/m³ 浓度的乙烯就可引起叶片大量脱落。低氧、高二氧化碳以及吸收、除去乙烯，对抑制其叶片脱落具有明显作用。香椿贮藏适温为 0℃，相对湿度 80%～85%，贮藏时应设法吸收环境中的乙烯，并采用塑料薄膜小包装气调。

2. 品种与采收

香椿依颜色分为紫香椿和绿香椿。紫香椿幼芽紫褐色，有光泽，香味浓郁，纤维少，含油脂多，品质佳，适合贮藏。主要品种有黑油椿和红油椿。绿香椿呈绿色，香味淡，含油脂少，品质稍差，贮藏价值不高，但耐较低温度。供贮藏的香椿应选芽呈紫红色或略带绿色、柔嫩、新鲜、无老梗、香味浓、含油脂多的品种，如青油椿等。

香椿采收适期应在 4 月中下旬，一般可采收两次，先采收主芽，再采收侧芽，中间间隔 10～15 天。采收宜在早晨，这时芽鲜嫩，气温也低，采后不易失水萎蔫。贮藏用香椿最好采收主芽，主芽粗壮、长势强，抗性强，耐贮藏。采收时，将芽从嫩枝基部掰下，切勿伤芽损叶。

3. 贮藏方法

（1）室内摊贮。选凉爽、湿润、通风的室内，先在地上洒水，再铺上一层席，然后将香椿平摊在席上，厚约 10 cm，用湿草或薄膜盖上，一般可短贮 5～7 天。注意通风、调湿，切勿堆高和向芽体上洒水，以免发热、变质，发生叶片脱落和腐烂损失。

（2）浸茎贮藏。将香椿芽基部整理整齐，并捆成小把，竖立于浅盘中，加 3～4 cm 深的清水。浸泡一昼夜，再装筐或装箱中，放到通风阴凉处，并保湿，可短期贮藏。

（3）冷库贮藏。香椿采后立即挑选整理，选芽体粗壮，无病伤的香椿芽，去处芽基部的老梗，捆成 0.25～0.5 kg 的小把，送冷库架摆预冷后，再装袋冷藏。具体可采取塑料薄膜衬垫贮藏；即先将一块 0.02~0.03 mm 厚的聚氯乙烯塑料箱内，然后放入经挑选、捆把、预冷的香椿芽，添加一包乙烯吸收剂（事先用碎砖吸收过饱和高锰酸钾溶液的纱布包），再将薄膜折叠好，送入冷库架摆或堆码；或采用塑料薄膜袋小包装贮藏，用 0.02~0.03 mm 厚的聚乙烯塑料制成（25~30）cm× 25 cm × 30 cm 规格的包装小袋，每袋装 0.15~0.25 kg 选捆、预冷的香椿，加一小包乙烯吸收剂，扎紧袋口；或采用打孔薄膜袋，扎口，送入冷库架摆或装箱堆码。

贮藏期间控制 0~1℃ 库温，80%~85% 的相对湿度，袋内可形成一定的低氧和高二氧化碳环境，保持了湿度，并吸除了袋内乙烯气体，防止了香椿失水萎蔫、叶片脱落和腐烂。一般可贮藏 1 个月左右时间。

第七章 土壤检测

土壤微量元素是指土壤中含量很低的化学元素，除了土壤中某些微量元素的全含量稍高外，这些元素的含量范围一般为十万分之几到百万分之几，有的甚至少于百万分之一。作物必需的微量元素有硼、锰、铜、锌、铁、钼等。土壤中微量元素对作物生长影响的缺乏、适量和致毒量间的范围较窄。因此，土壤中微量元素的供应不仅有供应不足的问题，也有供应过多造成毒害的问题。明确土壤中微量元素的含量、分布等规律，有助于正确判断土壤中微量元素的供给情况。因此，本章就对土壤中微量元素的检测进行介绍。

第一节 土壤全量铜、锌、铁、锰的测定
（高氯酸—硝酸—氢氟酸消化 原子吸收光谱法）

一、主要仪器与试剂

1. 主要仪器

原子吸收分光光度计。铜、铁、锰、锌空心阴极灯。

2. 主要试剂

（1）盐酸、硝酸、高氯酸均为优级纯。

（2）标准样最好选用光谱纯或优级纯。

（3）0.05M EDTA 溶液。称取 EDTA 18.6 g，用水溶解，并用氨水调 pH 值 7.0，移入 1 L 容量瓶定容。

（4）铜标准液。称取 0.100 0 g 金属铜，溶解于 1：1HNO$_3$，移入 1 L 容量瓶定容，即 100 μg/mL Cu。

（5）铁标准溶液。称取 1.000 g 金属铁，溶解于 20 mL 1∶1 HCl 中，加热溶解移入 1 L 容量瓶定容，即 1 000 μg/mL Fe。

（6）锰标准液。称取 1.000 g 金属锰，用 20 mL 1∶1HNO₃ 溶解，移入 1 L 容量瓶定容，即 1 000 μg/mL Mn。

（7）锌标准液。称取 0.500 0 g 金属锌，用 20 mL 1∶1HCl 溶解，移入 1 L 容量瓶定容，即 500 μg/mL Zn。

二、样品处理

土壤全量成分消化：称取过 0.25 mm 筛土样 1.000 g 放入聚四氟乙烯坩埚，加浓 HNO₃ 17 mL，60%HClO 45 mL，电热板逐步升温消煮，至溶液剩 5 mL 后取下冷却，再加 8 mL HF 消煮至微量白烟出现为止。用 1∶2 HCl 溶解，用热水洗入 100 mL 容量瓶定容，过滤入具塞三角瓶备用。

三、仪器工作参数（表 7-1）

表 7-1 仪器工作参数

参　数	铜	铁	锰	锌
波长（mm）	324.7	248.3	279.5	213.9
灯电流（mA）	2	2	2	2
乙炔流量（L/min）	1.0	1.2	1.2	1.2
空气流量（L/min）	6	6	6	6
狭缝（mm）	0.2	0.2	0.2	0.2

第二节 土壤有效性铜、锌、铁、锰的测定
（DTPA 提取—原子吸收光谱法）

一、主要仪器与试剂

1. 主要仪器

（1）原子吸收分光光度计（包括铜、锌、铁、锰元素空心阴

极灯）。

（2）酸度计。

（3）恒温（25±2℃）往复式或旋转式振荡器，或普通振荡器及恒温室，振荡器应能满足（180±20）r/min 的振荡频率或达到相同效果。

（4）带盖塑料瓶。200 mL。

2. 主要试剂

（1）DTPA 浸提剂［c（DTPA）= 0.005mol/L，c（$CaCl_2$）= 0.01 mol/L，c（TEA）= 0.1mol/L，pH 值 7.03］。称取 1.967 g 二乙三胺五乙酸（DTPA），溶于 14.92 g 三乙醇胺（TEA）和少量水中；再将 1.47 g 氯化钙（$CaCl_2 \cdot 2H_2O$）溶于水后，一并转入 1 L 容量瓶中，加水至约 950 mL；在酸度计上用 6 mol/L 盐酸溶液调节 pH 值至 7.30，用水定容，贮于塑料瓶中。溶液可保存几个月，但用前需校准 pH 值。

（2）铜标准贮备液［ρ（Cu）= 1 000 μg/mL］。称取 1.000 0 g 金属铜（优级纯），溶解于 20 m L 1∶1 硝酸溶液，移入 1 L 容量瓶中，用水定容。

（3）铜标准工作液［ρ（Cu）= 50 μg/mL］。吸取铜标准贮备液 5.00 mL 于 100 mL 容量瓶中，用水定容。

（4）锌标准贮备液［ρ（Zn）= 1 000 μg/mL］。称取 1.000 0 g 金属锌（优级纯），用 40 mL 1∶2 盐酸溶液溶解，移入 1 L 容量瓶中，用水定容。

（5）锌标准工作液［ρ（Zn）= 50 μg/mL］。吸取锌标准贮备液 5.00 mL 于 100 mL 容量瓶中，用水定容。

（6）铁标准贮备液［ρ（Fe）= 1 000 μg/mL］。称取 1.000 0 g 金属铁（优级纯），溶解于 40 mL 1∶2 盐酸溶液中（加热溶解），移入 1 L 容量瓶中，用水定容。

（7）铁标准工作液［ρ（Fe）= 50 μg/mL］。吸取铁标准贮备液 5.00 mL 于 100 mL 容量瓶中，用水定容，即为含 50 μg/mL 铁标准溶液。

(8) 锰标准贮备液 [ρMn) = 1 000 μg/mL]。称取 1.000 0 g 金属锰（优级纯），用 20 mL 1∶1 硝酸溶液溶解，移入 1 L 容量瓶中，用水定容。

(9) 锰标准工作液 [ρ（Mn）= 50 μg/mL]。吸取锰标准贮备液 5.00 mL 于 100 mL 容量瓶中，用水定容。

二、分析步骤

称取通过 2 mm 孔径尼龙筛的风干试样 10.00 g 于 200 mL 塑料瓶中，加入 DTPA 浸提剂 20 mL，盖好瓶盖，摇匀，在（25±2）℃ 的条件下，以 180 r/min 的速度振荡 2 h，立即过滤。滤液直接上原子吸收分光光度计，同时做空白试验。

标准曲线绘制：分别吸取 50 μg/mL 铜、锌、铁、锰标准溶液一定体积于 6 个 100 mL 容量瓶中，用 DPTA 浸提剂定容，即为铜、锌、铁、锰混合标准系列溶液，与样品同条件上机测定，读取吸光度，分元素绘制标准曲线（表 7-2）。

表 7-2　铜锌铁锰混合标准系列溶液配制

容量瓶编号	Cu		Zn		Fe		Mn
	加入标准溶液量（mL）	配成浓度（μg/mL）	加入标准溶液量（mL）	配成浓度（μg/mL）	加入标准溶液量（mL）	配成浓度（μg/mL）	加入标准溶液量（mL）
1	0.00	0.0	0.00	0.0	0.0	0.0	0.00
2	1.00	0.5	1.00	0.5	4.00	2.0	4.00
3	2.00	1.0	2.00	1.0	8.00	4.0	8.00
4	3.00	1.5	3.00	1.5	12.00	6.0	12.00
5	4.00	2.0	4.00	2.0	16.00	8.0	16.00
6	5.00	2.5	5.00	2.5	20.00	10.0	20.00

三、结果计算

$$有效铜（锌、铁、锰），mg/kg = \frac{\rho \times V \times D}{m}$$

式中：ρ——查标准曲线或求回归方程而得测定液中铜（锌、铁、锰）的质量浓度，$\mu g/mL$；

　　　V——浸提液体积，mL；

　　　D——浸提液稀释倍数，若不稀释则 $D=1$；

　　　m——试样质量，g。

平行测定结果以算术平均值表示，保留两位小数。

四、注释

（1）DTPA 提取是一个非平衡体系提取，因而提取条件必须标准化，包括土样的粉碎程度、振荡时间、振荡强度、提取液的酸度、提取温度等。DTPA 提取液的 pH 值应控制在 7.30，为了准确控制提取液的酸度，在调节溶液 pH 值时使用酸度计校准。

（2）测试时若需稀释，应用 DTPA 浸提液稀释，以保持基体一致，并在计算时乘上稀释倍数。

（3）所用玻璃器皿应事先在 $10\%HNO_3$ 溶液中浸泡过夜，洗净后备用。

第三节　土壤全硼的测定

硼是植物生长发育必需的微量元素，缺硼和硼过量既会引起植物的糖、脂肪、蛋白质代谢紊乱又使植物的细胞器官结构破坏，导致植物病态生长，对植物特别是棉花等农作物的产量影响很大。但同时土壤中的硼如果过剩，则会引起植物硼中毒。而硼是低毒类蓄积性毒物，人每天口服 100 mg，可引起慢性中毒，肝、肾脏受到损伤，脑和肺出现水肿。所以测定土壤中全硼对于防止土壤污染引起农作物、地下水、地面水的污染，保障农牧渔业生产和人体健康，具有极其重要的意义。

一、碱熔—甲亚胺—H 比色法

1. 主要仪器与试剂

（1）主要仪器。铂坩埚，高温电炉，分光光度计。

（2）主要试剂。

①无水碳酸钠（N_2CO_3 分析纯）。

②硫酸溶液 $c\left[^1/_2 H_2SO_4\right) = 4\ mol/L]$。将 110 mL 浓 H_2SO_4（分析纯）缓慢注入蒸馏水中，稀释至 1 L。

③乙醇 $[\omega(CH_3CH_2OH) = 95\%]$（分析纯）。

④盐酸溶液 $[c(HCl) = 0.1mol \cdot L]$。将 8.3 mL 浓 HCl（分析纯）缓慢注入蒸馏气中，稀释至 1 L。

2. 测定步骤

将 0.5 g 通过 0.149 mm 尼龙筛的风干土壤与 3 g 无水碳酸钠在铂坩中搅拌均匀，于高温电炉中 9 200℃ 熔融 30 min。冷却后将熔块放在 250 mL 的烧杯中，加 50 mL 水，用表面皿加盖，加硫酸溶液（试剂②）溶解熔融物（约摇 15 mL）。pH 值应为 6.0～6.8（以溴甲酚兰作外用指示剂），移入 500 mL 容量瓶中。用水洗坩埚及烧杯多次，将洗涤用水并入溶液中。全部溶液体积不超过 150 mL。加 95% 乙醇到总体积近 500 mL 时为止，充分混合。加入碳酸钠使之呈碱性反应。稍加摇动使 CO_2 气泡逸出，用 95% 乙醇定容。此时过量的碳酸钠以及铁、铝和碱土金属发生沉淀。离心分离，或以干滤纸过滤。将 400 mL 清液移入 600 mL 烧杯中（加 100 mL 水防止发生沉淀），蒸发至小体积。移入铂蒸发皿继续蒸发（为防碱溶液浸蚀玻璃）。蒸干后，小心的灼烧破坏有机质。冷却后，加 5 mL（或更多）盐酸溶液 $[c(HCl) = 0.1\ mol/L]$ 溶解残渣。吸取 1 mL 溶液（含硼量以 0.2～8 μg 为宜）进行比色。

二、碱熔—姜黄素比色法

1. 主要仪器与试剂

（1）无水碳酸钠。分析纯。

（2）4 N 硫酸。用优级纯硫酸配制。

（3）无水乙醇。分析纯。

（4）0.2 N 盐酸。用优级纯盐酸配制。

（5）姜黄素—草酸溶液。0.04 g 姜黄素和 5 g 草酸溶于 50 mL 无水乙醇中，加入 1∶1 盐酸 4.2 mL，再以无水乙醇稀释至 100 mL。

（6）硼标准溶液。以硼酸配制成浓度为 0.2、0.4、0.6、0.8、1.0 mg/L。

（7）2%氯化钠溶液。用分析纯氯化钠配制，以上溶液均需储存于塑料瓶中。

（8）分光光度计。

2. 分析步骤

称取通过 100 筛孔的风干土壤 0.15 g 于铂坩埚中，用 1.5 g 无水碳酸钠混匀，于马弗炉中在 950℃ 下熔融 30 min。冷却后将熔块用热水转移至 250 mL 塑料烧杯中，捣碎熔块，加入 4 N 硫酸 7 mL，溶解熔块。以固体碳酸钠和 4 N 硫酸调节溶液 pH 值为 6.0~7.0，转入特制的 150 mL 容量瓶中，（此时溶液体积为 40 mL 左右），加无水乙醇至刻度（溶液为中性）。干过滤于塑料烧杯中。

取滤液 100 mL 于铂皿（亦可用塑料烧杯）中，在水浴上蒸发至干。冷却后，加 10 mL 0.2 N 盐酸溶解残渣（此时滤液应为中性或酸性），干过滤于塑料烧瓶中。取滤液 1 mL（含 0.1~1 μg 硼）于石英蒸发皿中，加入 4.0 mL 姜黄素溶液，混匀。在（55±3）℃的水浴上（石英皿底部全部接触水面或石英皿浮于水面）蒸干并继续在该温度下干燥 15 min。

将石英皿中的残渣冷却，加 10 mL 无水乙醇溶解，过滤于

1 cm 比色皿中，在分光光度计上，以全部试剂分析步骤操作所得的显色液为参比，于 540nm 处测定其吸光度。

标准曲线　吸取 2%NaCl 溶液 1 mL 于 6 只石英皿中，在水浴上蒸干，加含 0、0.2、0.4、0.8、1.0 μg 硼的标准溶液（体积为 1 mL），摇动溶解氯化钠晶体，再加入 4.0 mL 姜黄素—草酸溶液后，按分析手续进行操作，以标准系列的"0"为参比，测定标准溶液的吸光度。

注：一是无水乙醇可用 95% 乙醇替代；二是除指明为塑料器皿外，可用玻璃器皿代替，但只许短时间接触，碱性介质及高温情况下绝对不能使用玻璃器皿。

三、电感耦合等离子体发射光谱法

1. 仪器及工作条件

ICP-AES　仪器参数为：ICP 射频功率 1 150 W，辅助气流量 0.5 L/min；蠕动泵泵速 50 r/min；冷却气流量一般；垂直观测高度 12 mm；载气压力 0.24 MPa；积分时间长波 10 s，短波 20 s；冲洗时间 30 s；稳定时间 5 s；重复测定次数 3 次。

2. 主要试剂及材料

$HClO_4$、HNO_3、H_3PO_4 均为优级纯。水为去离子水（电阻率≥18 MΩ·cm）。高纯氩气（质量分数 W>99.99%）。氯酸钾硝酸饱和溶液（100 g/L）；准确称取 10.0 g 氯酸钾（AR）溶于 100 mL 浓硝酸中，摇匀。所用玻璃器皿及聚四氟乙烯烧杯 5 mol/L 硝酸煮沸，用去离子水冲洗干净，150℃ 烘干 50 min，备用。

3. 标准曲线的配置

硼标准储备液：0.1 g/L 硼，水溶液。标准曲线的配置：用标准储备溶液配制浓度为 0、10、20、40 mg/L 的工作溶液，保持与样品溶液的 H_3PO_4 一致，介质均为 5%HCl。并保存在塑料聚酯瓶中。

4. 样品分析步骤

称取 0.200 0 g 试样置于聚四氟乙烯烧杯中用少量水润湿，加入 5 mL 氯酸钾硝酸饱和溶液，浸泡 0.5 h，再加入 5 mL 氯酸钾硝酸饱和溶液，1 mL（1+1）的磷酸，盖上表面皿，在电热板上低温（120~150 ℃）加热溶解至小体积，继续蒸至近湿盐状，取下，加 10 mL（1+1）盐酸，加热溶解盐类，取下，用少量去离子水冲洗杯壁，转入 100 mL 容量瓶中并定容到刻度，摇匀，静置 35 h 测定上层清液。随样品同时做 2 个以上的空白试验。在选定的仪器工作条件下进行 ICP-AES 测定并计算出样品中硼含量的相应浓度，同时测定空白试验。

第四节　土壤有效硼性的测定

一、甲亚胺—H 比色法

1. 主要仪器及试剂

分光光度计；石英三角烧瓶 250 mL；石英回流冷凝设备。

甲亚胺—H 的制备：取 20 g H 酸钠盐于 100 mL 烧杯中，加水约 50 mL，加 1.0 mL 1∶4 盐酸溶液搅拌，微热至 50℃（A 液）；另取 6~6.5 mL 水杨醛于一小烧杯中，加 6 mL 95%乙醇溶液（B 液）；在不断搅拌下将 B 液加入 A 液中，加完后继续搅拌 10~20 min，放置过夜。将沉淀物移入布氏漏斗，抽气过滤，用 95%乙醇溶液洗涤沉淀物 4~5 次，每次 5~10 mL，直至洗出液为黄色。将沉淀物连同漏斗移入恒温干燥器中于 100~105℃ 烘 2~3 h，在干燥器中冷却后，移入干净器皿中密封保存。

0.9%甲亚胺溶液：称取 0.90 g 甲亚胺和 2.00 g 抗坏血酸于微热的 60 mL 水中，稀释至 100 mL。

pH 值 5.6~5.8 缓冲液：称取 250 g 乙酸铵和 10.0 g EDTA 二钠盐于 250 mL 水中，冷却后用水稀释至 500 mL，再加入 80 mL

1：4硫酸溶液，摇匀，用 pH 计检查 pH 值。

混合显色剂：量取 3 体积 0.9%甲亚胺溶液和 2 体积 pH 值 5.6~5.8 缓冲液混合。

硼标准贮备液：称取干燥的硼酸 0.571 9 g 于 400 mL 烧杯中，加水 200 mL 溶解，移入 1 L 容量瓶中定容，此为 100 μg/mL 硼标准贮备液，贮于塑料瓶中。

硼标准系列溶液：吸取 50.00 mL 硼标准贮备液于 500 m L 容量瓶中，定容，此为 10 μg/mL 硼标准溶液，贮于塑料瓶中；分别吸取 0、0.5、1.00、2.00、3.00、4.00、5.00 mL 于 7 个 50 mL 容量瓶中，用水定容，此为 0、0.1、0.2、0.4、0.6、0.8、1.0 μg/mL 硼标准系列溶液，贮于塑料瓶中。

酸性高锰酸钾溶液：0.2 mol/L 高锰酸钾与 3 mol/L 硫酸等体积混合。

10%（M /V）抗坏血酸溶液：称取 10 g 抗坏血酸于水中，稀释至 100 mL。

30%H_2O_2溶液以及活性炭。

2. 试验方法

制备待测液：称取过 2 mm 孔径尼龙筛的风干样 10.00 g 于 250 mL 石英三角瓶中，加入 20.0 mL 水，装在回流冷凝器上，文火煮沸并微沸 5 min，移开热源，继续回流冷凝 5 min，取下三角瓶，冷却后一次倾入滤纸上，滤液承接于塑料瓶中备用。

酸性高锰酸钾脱色试验：吸取 4.00 mL 滤液于 10 mL 比色管中，加入 0.50 mL 酸性 $KMnO_4$ 溶液，摇匀，放置 2~3 min，加入 0.50 mL 10% 抗坏血酸溶液，摇匀，待紫色物消褪后，加入 5.00 mL 混合指示剂，摇匀，放置 1 小时后比色测定（λ = 415 nm，2 cm 比色器）。

活性炭脱色试验：吸取 4.00 mL 滤液于 10 mL 比色管中，加入少许活性炭，摇匀，放置 5~10 min 后加入 5.00 mL 混合显色剂，定容，放置 1 小时后比色测定。

H₂O₂溶液脱色试验：吸取 4.00 mL 滤液于 10 mL 比色管中，加入 30% H_2O_2 1.00 mL，摇 2 分钟，放置 5 ~ 10 min 后加入 5.00 mL 混合显色液，放置 1 h 后比色测定。

标准曲线绘制：分别吸取 0、0.1、0.2、0.4、0.6、0.8、1.0 μg/mL 硼标准系列溶液 4.00 mL 于 10 mL 比色管中，加入 5.00 mL 混合显色剂，定容，放置 1 h 后比色测定。

3. 结果计算

$$mg/kg = \frac{m_1 D}{m \times 10^3} \times 100$$

式中：m_1——由标准曲线查得待测液中硼的含量 μg；

m——试样质量 g；

D——分取倍数（本试验为 20/4）。

二、姜黄素比色法

1. 试剂

（1）配制试剂及浸提用的水均须用经石英蒸馏器蒸馏过的蒸馏水。

（2）市售 95% 乙醇。

（3）硫酸镁溶液 ρ（$MgSO_4 \cdot 7H_2O$）= 100 g/L。10.0 g $MgSO_4 \cdot 7H_2O$ 溶于 100 mL 水中。

（4）姜黄素—草酸溶液。称取 0.040 g 姜黄素和 5.0 g 草酸（优级纯）溶于 100 mL 95% 乙醇中。贮于石英容量瓶或塑料瓶中，黑纸包容量瓶。此溶液在使用前一天配制好，密闭好存放在冰箱中可使用一周。

（5）硼标准溶液。

①硼标准贮备溶液：100.0 μg/mL 硼，称取 0.572 0 g 经 40 ~ 50℃ 烘 2 h 的硼酸（H_3BO_3，光谱纯）溶于水中，温热溶解后，移入 1 000 mL 石英容量瓶中，稀释至刻度，摇匀，此溶液 1 mL 含 100 μg 硼。

②标准溶液：10.0 μg/mL 硼，将硼标准贮备溶液稀释 10 倍，配制成 1 mL 含 10.0 μg 硼标准溶液。

2. 仪器与设备

实验中所用玻璃器皿使用前应用盐酸（1+3）浸泡 2~4 h，然后用水和蒸馏水冲洗干净并晾干后使用。

玻璃器皿中含硼，测硼应用石英器皿或聚四氟乙烯、聚乙烯制的器皿。

分光光度计。

3. 试样制备

风干粉末土样，粒度应小于 2.0 mm，在称样测定时，另称取一份试样测定吸附水，最后换算成烘干样计算结果。

4. 操作步骤

（1）空白试验。随同试样的分析步骤做空白试验。

（2）试样的测定。

①待测液的制备：称取 10.0 g 风干土样，精确至 0.001 g。置于 250 mL 石英锥形瓶中，按 1：2 土水比加 20.0 mL 水，连接冷凝管，文火煮沸 5 min，立即移开热源，继续回流冷凝 5 min（准确计时），取下锥形瓶，加入 2 滴硫酸镁溶液，摇匀后立即过滤，将瓶内悬浮液一次倾入慢速滤纸上，滤液承接于聚乙烯瓶内。

同一试样做两个平行测定。

②测量吸光度：移取 1.00 mL 滤液于 50 mL 蒸发皿中（石英或聚乙烯制品），加 4.0 mL 姜黄素—草酸溶液，在恒温水浴上（55±3）℃蒸发至干，自呈现玫瑰红色开始计时继续烘焙 15 min，取下蒸发皿冷却到室温，加入 20.0 mL 95%乙醇，用橡胶淀帚擦洗皿壁，使内容物完全溶解，用慢速滤纸干过到具塞比色管（石英或塑料）中（此溶液放置时间不要超过 3 h），以 95%乙醇为参比溶液，在分光光度计上于 550 nm 波长处，用 1 cm 吸收皿，测量吸光度。

（3）工作曲线的绘制。吸取 0、0.50、1.00、2.00、3.00、

4.00、5.00 mL 硼标准溶液（10 μg/mL）于 50 mL 石英容量瓶中，用水稀释至刻度，摇匀。配制成 0、0.10、0.20、0.40、0.60、0.80、1.00 μg/mL 标准溶液置于 50 mL 蒸发皿内，按上述操作步骤显色测量吸光度并绘制工作曲线。

5. 结果计算

按下式计算有效硼的含量，以质量分数表示：

$$W_{有效硼} = \frac{(\rho - \rho_0) \times V \times t_s}{m \times k}$$

式中：$W_{有效硼}$——有效硼的质量分数，mg/kg 或 μg/g；

ρ——测定液中有效硼的质量浓度，μg/mL；

ρ_0——试样空白溶液中有效硼的质量浓度，μg/mL；

V——测定液体积，mL

t_s——分取倍数；

m——试样质量，g；

K——水分系数。

第五节　土壤全钼的测定（酸溶—极谱法）

一、主要仪器

极谱仪。

二、试剂

钼标准液配制：精确称取三氧化钼（MoO_3）光谱纯试剂 0.150 0 g 放入烧杯中，加入数滴 10% NaOH 溶液，使其溶解并稀释至 1 L，再稀释成标准系列工作液。其他药品均为优级纯或分析纯，去离子水的电阻 80~100 Ω。

三、试验方法

用硝酸—高氯酸消煮，硫酸—氢氟酸用四氟坩埚消煮。然后转移、稀释、定容待测。称样 1~2 g，消解后定容 50~100 mL，吸取待测液 5 mL，置溶液于电解杯中，加 5 mL 底液，10 min 后在极谱仪上作波谱图。每次操作过程中，均作空白试验，用标准溶液校正仪器。室温控制在 18~23℃。

第六节　土壤有效钼的测定（草酸—草酸铵提取—极谱法）

一、主要仪器设备

1. 示波极谱仪
2. 往复式或旋转式振荡机

满足（180+20）r/min 的振荡频率或达到相同效果。

3. 带盖塑料瓶（200 mL）

二、试剂

1. 草酸–草酸铵浸提剂

称取 24.9 g 草酸铵 [（NH_4）$_2C_2O_4 \cdot H_2O$] 与 12.6 g 草酸（$H_2C_2O_4 \cdot 2H_2O$)溶于水，定容至 1L。pH 值为 3.3，必要时定容前用 pH 计校准。

2. 苯羟乙酸（苦杏仁酸）溶液 [ρ（C_6H_5CH（OH）$COOH$）= 100 g/L]

称取 10.00 g 苯羟乙酸溶于水中，稀释至 100 mL。

3. 氯酸钾溶液 [ρ（$KClO_3$）= 67 g/L]

称取 6.70 g 氯酸钾于水中，稀释至 100 mL。

4. 硫酸溶液 [C（$^1/_2H_2SO_4$）= 12.5 mol/L]

取 347.2 mL 浓硫酸缓缓倒入水中，冷却后，稀释 1 000 mL。

5. 氢氧化钠溶液 [ρ（NaOH）= 400 g/L]

称取 40.0 g 氢氧化钠溶于水中，稀释至 100 mL。

6. 酚酞溶液

称取 0.5 g 酚酞指示剂溶于 90 mL95% 的乙醇中，加水至 100 mL。

7. 盐酸溶液（1：2）

8. 钼标准贮备液 [ρ（Mo）= 100 μg/mL]

称取 0.252 2 g 钼酸钠（$Na_2MoO_4 \cdot 2H_2O$）溶于水中，定容至 1 000 mL。

9. 钼标准溶液 [ρ（Mo）= 1 μg/mL]

吸取 10.00 mL 钼标准贮备液用水定容至 1 000 mL，即为 1 μg/mL 钼标准溶液。

三、分析步骤

准确称取过 2 mm 孔径筛的风干试样 5.00 g 于 200 mL 塑料瓶中，加入 50 mL 草酸—草酸铵浸提剂，盖严后摇匀，在 20～50℃ 的条件下，于振荡器上以（180±20）r/min 的频率振荡 30 min 后放置过夜。将上述滤液干过滤后为待测液。

吸取滤液 25.00 mL 于 50 mL 高型烧杯中，在电热板上低温蒸干。移入高温炉中于 450℃ 灼烧 4 h，破坏草酸盐，冷却后用 2 mL 1：2 盐酸溶液溶解残渣，加 4 mL 12.5 mol/L 硫酸溶液在电热板上加热至冒烟，赶尽 Cl。取下冷却至室温，用少许水冲洗杯壁，低温加热使盐类溶解，加酚酞指示剂 1 滴，以 400 g/L 氢氧化钠中和至溶液出现红色，移入 25 mL 比色管中，定容，盖塞摇匀，放置澄清。取上层清液 5.00 mL 于 25 mL 小烧杯中，加 0.5 mL 12.5 mol/L 硫酸溶液，1 mL 100 g/L 苯羟乙酸溶液，6 mL 67 g/L 氯酸钾溶液，摇匀，放置 20 min，在示波极谱仪从 -0.1 V 开始记录钼的极谱波峰电流值（格或微安），并记录电流倍率。同时做空白试验。以扣除空白的极谱波峰电流值查校准曲线或求回归方程得到测定液的含钼量（m_1）。

标准系列的测定：分别吸取 1 μg/mL 标准工作液 0.00、0.10、0.20、0.40、0.60、0.80、1.00 mL 于 50 mL 烧杯中，加 25.00 mL 浸提液，在电热板上蒸干，放入高温电炉中于 450℃ 灼烧，以下操作同试样分析。此时，标准系列中钼含量分别为：0.00、010、0.20、040、0.60、0.80、1.00 μg，以测得的峰电流（扣除标准系列溶液的零浓度峰电流值）和相应的标准液含钼量绘制校准曲线或计算回归方程。

四、结果计算

$$有效钼（Mo），mg/Kg = \frac{m_1 \times D}{m \times 10^3} \times 1000$$

式中，m_1——查校准曲线或求回归方程而得校准曲线的测定液含钼量，μg；

D——分取倍数，$\frac{50}{25} \times \frac{25}{5}$；

10^3 和 1 000——分别将 μg 换成 mg 和将 g 换为 kg；

m——风干试样质量，g；

平行测定结果用算数平均值表示，保留小数点两位。

五、注释

1. 石灰性土壤可不分离铁、锰

吸 5.00 mL 滤液于 25 mL 烧杯中，经蒸干并高温灼烧后，直接加 0.5 mL 12.5 mol/L 硫酸，加蒸馏水 5mL 低温加热溶解，冷却，加 1 mL 100 g/L 苯羟乙酸，6 mL 67 g/L 氯酸钾，摇匀，放置 20 min，在示波极谱仪上测定，并做相应的校准曲线和空白试验。

2. 所用试剂需无钼

3. 溶液在蒸干过程中，要防止溅出，浓度越高溅出的危险越大，因此蒸干过程中电热板温度不宜太高，并逐步降低温度直至关

闭，利用余热将液体蒸干。放入高温电炉之前，残渣必须完全蒸干，否则在残渣灼烧时有溅出的可能

4. 温度对钼的催化电流影响较大

温度系数为 4.4%，因此，校准曲线和样品测定应在同一温度条件下进行，最好保持测定温度在 25℃ 左右。

5. 可用 HNO_3-HClO_4 作氧化剂，取代 450℃ 高温灼烧法来破坏草酸盐，而且破坏草酸盐和消除铁的扰乱可一次完成

因不需转移、分取等操作，既加快了分析速度，又可提高分析结果的精密度和准确度。方法：吸取 1mL 滤液于 25 mL 烧杯中，低温蒸干后，往蒸干的残渣中加入 10 滴浓硝酸和 2 滴高氯酸，在电热板上高温蒸发，使试液在 1~2 min 沸腾，蒸干且烟冒尽后，再向蒸干的残渣中加入 5 滴 1∶1 盐酸溶液，低温蒸至湿盐状，取下冷却后，依次加入 1 mL 2.5 mol/L 硫酸溶液、1 mL 0.5 mol/L 苯羟乙酸溶液，8 mL 67g/L 氯酸钾溶液于极谱仪上测定。

第七节 土壤有效钼的测定
（草酸—草酸铵浸提—石墨炉 原子吸收光谱法）

一、仪器与试剂

原子吸收分光光度计。

钼标准溶液：1.000 g/L，使用时用盐酸（0.5+99.5）溶液逐级稀释成 5.0 mg/L 标准工作溶液。

草酸铵—草酸浸提液：24.9 g 草酸铵与 12.6 g 草酸溶于水，定容至 1 L，pH 值为 3.3，必要时，定容前在 pH 计上校准 pH 值。

水为两次蒸馏水，试剂为优级纯。

二、仪器工作条件

钼的测定波长为 313.3 nm，灯电流 3 mA，光谱通带宽度

0. 4 nm，测量形式为峰高，进样体积为 20 μL，载气为氩气，采用光控模式。

三、试验方法

称取风干土样 10.000 g 过孔径 1.0 mm 筛于 250 mL 锥形瓶中，加草酸铵—草酸浸提液 100 mL，加塞振荡 8 h 或放置过夜，过滤，弃去最初 15 mL 滤液。分别移取钼标准系列溶液、样品浸提液及试剂空白 20 μL，按仪器工作条件进行测定，计算回归方程及样品含量。

标准工作曲线　移取 5.0 mg/L 钼标准工作溶液 0、0.25、0.5、0.75、1.00 mL 于 50 mL 容量瓶中，用草酸铵—草酸浸提液定容至刻度，配成 0、25、50、75、100 μg/L 系列标准工作液，按仪器工作条件进行测定。

第八章　蔬菜检测

第一节　蔬菜中农药残留的概念

一、农药残留定义

农药残留（pesticide residues）是指由于农药的应用而残存于生物体、农产品和环境中的农药亲体及其具有毒理学意义的杂质、代谢转化产物和反应物等所有衍生物的总称。这里所指的农药杂质包括无效异构体和农药合成过程中产生的有害产物；降解、代谢产物。人们往往只把农药原体的残留量认为是农药残留量，忽略了有毒代谢物及其降解物。实际上不仅原药有毒，其代谢产物或杂质的慢性毒性与原药相当或更严重，因此凡具有毒理学意义的这些农药杂质和降解产物不仅包含在农药残留的定义中，同样也包含在农药残留分析和管理的范畴中。

二、农药残留的来源

当农药直接应用于农作物、畜禽或环境介质（包括水、空气、土壤等）时，或者间接通过挥发、漂移、径流、食物或饲料等方式暴露于上述受体时，就产生了农药残留。过高的农药残留量一般是由于使用化学性质稳定、不易分解的农药品种，或者是不合理地过量使用农药造成的。直接喷洒的农药除部分着落在作物上外，大部分落入土壤中。土壤中农药残留，一般不会直接引起人们中毒，但它是农药的贮存库和污染源。土壤中的农药可被作物吸收，可蒸发逸失进入大气，亦可经雨水或灌溉水流入河流或地下水中。当用有农药残留的饲料饲喂家畜，或者在农药污染的土壤种植作物，就出现农药残留向家畜、作物的转移和蓄积。这种现象是农药残留的间接来源。杀菌剂、除草剂等的大量使用也会造成农药的污染和蔬菜中的残留。

三、农药残留的毒性

农药的大多数品种用于防治农业有害生物，它们一般对人体也是有害的。因摄入或长时间重复暴露农药残留而对人、畜以及有益生物产生急性中毒或慢性毒害，称残留毒性（residue toxicity）。农药对人的毒性可分为急性和慢性。急性中毒是指依次或短期内大量摄入农药而产生的急性毒理反应。一般是高毒农药违规施用造成的。农药一般是通过消化道、呼吸或皮肤三个途径进入人体内。慢性中毒指长期连续少量摄入农药最终发生病理反应，这种情况农药主要是通过食物进入人体。有的农药有效成分或有毒代谢物被人体长期微量摄入后，因代谢和排泄量少，在人体的某些器官、组织中积存，这叫做农药的蓄积性毒性，属慢性中毒范畴。有些农药在施用后，其有毒的有效成分及其有毒的降解产物、衍生物和代谢物在农作物和环境中长期滞留，污染了农、畜产品和环境，形成了农药残留问题，对人构成了慢性毒性的威胁。

为了防止食品中的农药残留危害人体健康，人们在农药残留的安全性评价的基础上，制定了每种农药在每种农产品中的最大残留限量（MRLS，maximum residue limits）。最大残留限量是指农畜产品中农药残留的法定最大允许量，其单位是 mg/kg。

四、农药残留分析的目的和特点

农药残留分析是应用现代分析技术对残存于各种食品、环境介质中微量、痕量以至超痕量水平的农药进行的定性、定量测定。其主要作用和目的是：研究农药施用后在农作物或环境介质中的代谢、降解和转归，制订农药残留限量标准、农药安全使用标准等，以满足政府管理机构对农药注册以及农药安全、合理使用的管理；检测食品和饲料中农药残留的种类和水平，以确定其质量和安全性，并作为食品和饲料在国际国内贸易中品质评价和判断的标准和依据，满足政府管理机构对食品质量和安全的管理；检测环境介质（水、空气、土壤）和生态系生物构成的农药残留种类和水平，以了解环境质量和评价生态系统的安全性，满足环境监测与保护的管理。

农药残留分析是分析化学中最复杂的领域，其原因是以下几个特点所致。

（1）残留分析需分离和测定的物质是在 ng（10^{-9} g）、pg（10^{-12} g）甚至 fg（10^{-15} g）水平，一次成功的分析需要有对许多参数的正确理解。例如提取和净化方法的成功与否取决于残留分析人员对操作条件的正确的选择和结合。

（2）样品使用农药历史的未知性和样品种类的多样性造成了分析过程的复杂性。

（3）农药品种的不断增多，对农药多残留分析提出了越来越高的技术适应性和要求。

五、农药残留分析的方法和程序

农药残留分析方法可分为两类，一类是单残留方法（SRM，single residue methods），它是定量测定样品中一种农药（包括其具有毒理学意义的杂质或降解产物）残留的方法，这类方法在农药登记注册的残留试验、制定最大农药残留限量（MRL）或在其他特定目的的农药管理和研究中经常应用。另一类是多残留方法（MRM，multiresidue methods），它是在一次分析中能够同时测定样品中一种以上农药残留的方法。多残留方法经常用于管理和研究机构对未知用药历史的样品进行农药残留的检测分析，以对农产品、食品或环境介质的质量进行监督、评价和判断。

农药残留分析的程序包括样品采集、样品预处理、样品制备以及分析测定等过程。样品采集包括采样、样品的运输和保存，是进行准确的残留分析的前提。样品预处理是对送达实验室的样品进行缩分、剔除或粉碎等处理，使实验室样品（laboratory sample）成为适于分析处理的检测样品（test sample）的过程。样品制备包括：提取（extraction），指从试样中分离残留农药的过程；净化（clean up），指将提取物中的农药与共提物质（或干扰物质）分离的过程。分析过程包括试样的测定和数据报告。试样的测定包括定性和定量分析。数据报告不但是残留分析结果的计算、统计和分析，更是对残留分析方法的准确性、可靠性进行描述和报告，包括方法准确性、精确性、检测限、定量限、回收率、线性范围和检测范围等，以说明残留分析过程中的质量保证和质量控制。

第二节　蔬菜农药残留检测方法

一、抽样方法

1. 抽样的准备工作

（1）每次抽样前应组织抽样人员，根据检测方案的要求，研究制订抽样方案。

（2）在每次抽样前准备好抽样所需要的物品，包括抽样单和抽样工具等，并保证这些用具洁净、干燥、无异味、不会对样本造成污染。

（3）应对受检产品的生产情况进行相应的调研，抽样地点及生产面积等应有充分的代表性。应按照随机抽样的原则进行抽样。

（4）在制订抽样方案时发现问题或遇到特殊情况应及时与任务下达单位联系，沟通情况。

2. 抽样工作程序

（1）每次抽样不得少于 2 人，其中一人应有一定抽样工作经验，负责对抽样工作程序的具体实施及相关情况的协调处理。

（2）抽样人员应主动向受检单位出示有关证件、提交样品抽样单。抽样单分三联，第一联由质检机构存根，第二联随待检测样品，第三联交受检单位。抽样工作应由检测机构独立完成，不受其他因素干扰。抽样人员应亲自到现场抽样，不得由受检单位人员或其他人员取样后送予抽样人员。当地人员可陪同抽样，但不应干扰已定抽样方案的实施。

（3）抽样人员在现场应认真填写抽样单，填写的信息要齐全、准确，字迹要清晰、工整。样本封存前要将"随样品"的抽样单一联放在袋内，经抽样人员和受检单位人员或被抽样人员双方确认无误后，将样本封存，粘贴好封条，要求标明封样时间，封条应由双方代表共同签字。在抽样单上签字或盖受检单位公章。

（4）所抽样品应在24h内运送到实验室以及时进行处理，如为异地抽样，不在当地处理，应在样品运输过程进行降温处理。原则上不准邮寄和托运，应由抽样人员随身携带。在运输过程中应避免样本变质、受损或遭受污染。

（5）如抽样过程遇到问题时，抽样人员应立即向本单位负责人汇报，在征得本单位负责人意见后，现场进行妥善处理。

（6）样品一经封样，在送达实验室检测之前，任何人不得擅自开封或更换，否则该样品作废，并追究相关人员责任。

（7）样品到达检测单位后，接样人员应对样品进行认真检查，对封样情况、样品数量、状态、质量、样品编号及抽样单进行一一核对。检查合格后，方可入库。

3. 农药残留分析样本的采样方法

（1）采样原则。采样应由专业技术人员进行。采集的样本应具有代表性。样本采集、制备过程中应防止待测定组分发生化学变化、损失，避免污染。采样过程中，应及时、准确记录采样相关信息。

（2）采样方法。

①产地取样：按照产地面积和地形不同，采用随机法、对角线法、五点法、"Z"形法、"S"形法、棋盘式法等进行多点采样。产地面积小于 1 hm^2 时，按照 NY/T 398 规定划分采样单元；产地面积大于 1 hm^2 小于 10 hm^2 时，每 1~3 hm^2 设为一个抽样单元；当蔬菜种植面积大于 10 hm^2，每 3~5 hm^2 设为一个抽样单元。当在设施栽培的蔬菜大棚中抽样时，每个大棚为一个抽样单元。每个抽样单元内根据实际情况按对角线法、梅花点法、棋盘式法、蛇形法等方法采取样本，每个抽样单元内抽样点不应少于 5 个，每个抽样点面积为 1 m^2 左右，随机抽取该范围内的蔬菜作为检测用样本。

②市场取样：对于批发市场取样，如为散装样本，应视堆高不同从上、中、下分层取样，必要时增加层数，每层从中心及四周五点随机取样。如果是包装产品堆垛取样时，在堆垛两侧的不同部位上、中、下过四角抽取相应数量的样本。此外，在同一市场中，应尽量抽取不同地方生产的蔬菜样品。

对于农贸市场和超市取样，同一蔬菜样本应从同一摊位抽取。

（3）抽样时间。到产地抽样，抽样时期要根据作物不同品种在其种植区域的成熟期来确定，一般应安排在成熟期或即将上市前进行。抽样时间应选在晴天的 9—11 时或者 15—17 时。雨后不宜抽样。对批发市场抽样，一般在批发交易高峰时抽样，而农贸市场、超市应在批发市场抽样前进行。

（4）抽样量。生产地抽样一般每个样本抽样量不低于 3 kg，单个个体大于 0.5 kg／个时，抽取样本不少于 10 个个体，单个个体大于 1 kg／个时，抽取样本不少于 5 个个体。

（5）抽样部位。搭架引蔓的蔬菜，均取中段果实；叶菜类蔬菜去掉外帮；根茎类蔬菜和薯类蔬菜取可食部分。抽样时，应除去泥土、黏附物及明显腐烂和萎蔫部分并避开病虫害或其他非正常植株或产品。

（6）抽样应注意的问题。

①基地抽样应随机抽取：抽取的样品一定是已收获或将要上市

的产品，在安全间隔期内的样品不要抽取。

②抽样时一定要认真填写抽样单，信息要尽量写全。

③抽取的样品要尽量有代表性，市场抽样时抽样基数应足够大。

④应抽取混合样品，不能以单株（或单个果实）作为监测样品。抽取的样品，应能充分地代表该批次产品的特征。

4. 样品封存

封样包装材料应清洁、干燥，不会对样品造成污染和伤害；包装容器应完整、结实、有一定抗压性。

5. 样品的运输

抽样完成后，为减少运送过程中的质量变化，样品应按规定时间及时送达检验实验室。运输工具要求清洁卫生，无污染，不混装有毒有害物品。防止运输和装卸过程中可能造成的污染和损害。

6. 样品预处理规程及注意事项

样品预处理所使用的场地应做到通风、整洁、无扬尘、无易挥发化学物质。

所使用的制备工具为无色聚乙烯砧板或木砧板、不锈钢食品加工机、聚乙烯塑料食品加工机、高速组织分散机、不锈钢刀、不锈钢剪等。制样工具每处理一个样品后应冲洗或擦洗一次，严防交叉污染。

分装容器使用具塞磨口玻璃瓶、旋盖聚乙烯塑料瓶、具塞玻璃瓶等，规格视量而定。

7. 样品制备

取可食部分，用干净纱布或干净毛巾轻轻擦去样品表面的附着物，如果样品黏附有太多泥土，可用流水冲去表面的泥土并轻轻擦干，采用对角线分割法，取对角部分。将取后的样品切碎，充分混匀，用四分法取样，放入食品加工机中捣碎成匀浆，制成待测样，放入分装容器中，备用。如果是委托检测或重要检测应制备一式两份，即正、副样。

不需要立即进行检测的样品放入冰箱中 -18℃ 冷冻保存。

样品编号及标签按《抽样单》信息填写完整，一一对应，严防混淆不清。制样结束后及时清理废弃样品和杂物，保持室内清洁卫生。所有制样工具一定专用。

8. 样品的贮存

试样贮存的低温冰箱应清洁，无其他物品混放，无化学药品等污染物；经匀浆处理后的样品短期保存（2~3 天）可放入冷藏箱中，长期保存应放在 -20℃ 低温冰箱中。冷冻样本解冻后应立即检测。取冷冻样品检测时，应不使水、冰晶与样本分离，分离严重时应重新匀浆。检测样本应留备份并保存至约定时间，以供复检。待检和已检样品应分开存放。

二、蔬菜农药残留检测方法概述

蔬菜农药残留检测方法分常规检测和快速检测两种。一般在蔬菜生产基地和各类市场都采用快速检测，使用快速检测仪检测，方法简单，成本较低，但准确率较低。县级以上检测机构一般采取常规检测方法，使用仪器有气相色谱仪、液相色谱仪、气质联用仪等设备，虽然成本较高，时间较长，但准确率高，而且能够明确蔬菜农药残留种类。

1. 快速检测

目前较常用的快速检测方法是根据有机磷或氨基甲酸酯类农药对乙酰胆碱酯酶的抑制作用，来判断蔬菜中是否有农药残留的方法（GB/T 5009.199—2003）。这种方法操作简单，获得结果快速，成本低，但是快速检测无法准确定性、定量，只能根据抑制率判断超标与否，而且对葱、大蒜、韭菜、芫荽等蔬菜，采用速测法，出现假阳性的可能性极大，且辛辣味越浓的大蒜品种，出现假阳性频率越高。

在速测过程中应注意酶、显色剂不能漏加、多加，否则对结果影响大。在对蔬菜样品的检测过程中，应严肃认真，按操作程序进行，建议对抑制率≥50％以上的菜样，应进一步采用色谱或质谱方法定性定量分析，以确定其农药残留是否真的超标。

快速检测方法结果仅起监督作用，这种方法仅对含有机磷类和氨基甲酸酯类农药残留进行粗筛，对其他农药的检测无作用，故在销售管理中，应加强对生产经营户的道德教育，严格按无公害蔬菜技术规程生产，使用任何允许使用的农药，一定要到安全间隔期过后才能上市，以免造成食菜不良反应。

应做好抽样、检测结果等的原始记录，并最好用电脑打印，便于存档、备查等的管理。

2. 定量检测

对蔬菜农药残留的检测要做到能够较为准确的定性、定量，就要采用常规检测方法，主要是应用色谱法和质谱法。较为常用的仪器就是气相色谱仪，液相色谱仪及气质、液质联用仪等。气相色谱法适用于检测沸点低于400℃的各种有机或无机试样的分析，分离效率高，可以分析复杂混合物、异构体等；灵敏度高，可以检测出 $\mu g/g$（10^{-6}）级甚至 ng/g（10^{-9}）级的物质量。气相色谱法目前可用于相当数量有机磷、有机氯和拟除虫菊酯类农药的检测。

液相色谱法是指流动相为液体的色谱技术。在技术上采用高压泵、高效固定相和高灵敏度检测器，实现了分析速度快、分离效率高和操作自动化。它解决了热稳定性差、难于气化、极性强的农药残留分析问题。液相色谱不受分析试样挥发性和相对分子质量的限制，可用于分离高沸点、相对分子质量大、热稳定性差的农药残留及其代谢物的检测。目前常用于氨基甲酸酯类农药的检测。

色谱—质谱联用技术在近几年有了突飞猛进的发展，这种技术不仅可以对待测的农药定性同时也可以定量，是农药残留分析的最佳手段之一。质谱是目前唯一可以确定分子式的方法，而分子式对推测结构至关重要。这就使采用质谱法检测的定性结果更为准确。质谱法的不足是仪器结构复杂，造价较高。

三、蔬菜农药残留快速检测流程

1. 样品处理

选取有代表性的蔬菜样品，去掉表面泥土，剪成 1 cm 左右见方碎片，取样品 1 g，放入烧杯或提取瓶中，加入 5 mL 缓冲溶液，振荡 1~2 min，倒出提取液，静置 3~5 min，待用。

不同样品的处理方法：叶菜随机取不同植株的叶片（至少 8~10 片叶子）；果菜用取样器沿果菜表面处取约 1 cm 厚的样本，然后再用不锈钢剪刀剪成 1 cm 左右的块状。

特殊样品处理法：有些果蔬如葱、蒜、萝卜、韭菜、芹菜、香菜、茭白、蘑菇、番茄等中含有对酶有影响的植物次生物质，有些蔬菜中叶绿素的含量太高，影响比色反应。所以对于以上种类的果蔬，应尽可能的采取整株浸提的办法来消除干扰。

2. 对照溶液测试

先于试管中加入 2.5 mL 缓冲溶液，再加入 0.1 mL 酶液，0.1 mL 显色剂，摇匀后于 37℃ 放置 15 min 以上（每批样品的控制时间应一致）。加入 0.1 mL 底物摇匀，此时检液开始显色反应，应立即放入仪器比色池中，记录反应 3 min 的吸光度变化值。

3. 样品溶液测试

先于试管中加入 2.5 mL 样品提取液，其他操作与对照溶液测试相同，记录反应 3 min 的吸光度变化值。

对于有杂质或沉淀物及较浑浊的检液可以采用双倍取样，过滤后再检测。

4. 实验结果

实验结果以酶被抑制的程度（抑制率）来表示。

$$抑制率(\%) = \frac{\Delta A_0 - \Delta A_t}{\Delta A_0} \times 100$$

式中：ΔA_0——对照溶液反应 3 min 吸光度的变化值；

ΔA_t——样品溶液反应 3 min 吸光度的变化值。

抑制率≥50%时，表示蔬菜中有高剂量有机磷或氨基甲酸酯类农药存在，样品为阳性结果。阳性结果的样品需要重复检验2次以上，才可判定为阳性。

5. 注意事项

阳性结果的样品建议用其他方法（如色谱）进一步确定农药品种和含量。不适用速测的品种，如葱、蒜、萝卜、韭菜、芹菜等。

空白对照溶液3min的吸光度变化值应在0.1~0.3，变化差值在0.3以下的原因：一是酶的活性不够，二是温度太低。

如出现对照的吸光度变化值偏大、偏小或有设备关机重启的现象，都应该重新做对照，一批检样同时检测，可以共用一个对照。

四、蔬菜农药残留定量检测流程

本部分主要介绍一下《NY/T 761—2008 蔬菜和水果中有机磷、有机氯、拟除虫菊酯和氨基甲酸酯类农药多残留的测定》第1部分：蔬菜和水果中有机磷类农药多残留的测定。

1. 试样制备

抽取蔬菜、水果样品，取可食部分，经缩分，将其切碎，充分混匀放入食品加工器粉碎，制成待测样，放入分装容器中，于−20~−16℃条件下保存，备用。

2. 提取

准确称取25.0 g试样放入匀浆机中，加入50.0 mL乙腈，在匀浆机中高速匀浆2 min后用滤纸过滤，滤液收集到装有5~7 g氯化钠的100 mL具塞量筒中，收集滤液40~50 mL，盖上塞子，剧烈震荡1 min，在室温下静置30 min，使乙腈相和水相分层。

3. 净化

从具塞量筒中吸取10.00 mL乙腈溶液，放入150 mL烧杯中，将烧杯在80℃水浴锅上加热，杯内缓缓通入氮气或空气流，蒸发近干，加入2.0 mL丙酮，盖上铝箔，备用。

将上述备用液完全转移至15 mL离心管中，再用约3 mL丙酮分三次冲洗烧杯，并转移至离心管，最后定容至 5.0 mL，在旋涡混合器上混匀，分别移入两个 2 mL 自动进样器样品瓶中，供色谱测定。如定容后的样品溶液过于混浊，应用 0.2 μm 滤膜过滤后再进行测定。

4. 色谱分析

由自动进样器分别吸取 1.0 μL 标准混合溶液和净化后的样品溶液注入色谱仪中，以保留时间定性，以获得的样品溶液峰面积与标准溶液峰面积比较定量。

5. 定量结果计算

试样中被测农药残留量以质量分数 ω 计，单位以毫克每千克（mg/kg）表示，按如下公式计算。

$$\omega = [(V_1 \times A \times V_3)/(V_2 \times As \times m)] \times \rho$$

式中：

ρ——标准溶液中农药的质量浓度，单位为毫克每升（mg/L）；

A——样品溶液中被测农药的峰面积；

As——农药标准溶液中被测农药的峰面积；

V_1——提取溶液总体积，单位为毫升（mL）；

V_2——吸取出用于检测的提取溶液的体积，单位为毫升（mL）；

V_3——样品溶液定容体积，单位为毫升（mL）；

m——试样的质量，单位为克（g）。

计算结果保留两位有效数字，当结果大于 1 mg/kg 时保留三位有效数字。

第三节　蔬菜中硝酸盐的测定

蔬菜是一种易富集硝酸盐的作物，人体摄入的硝酸盐有81.2%来自蔬菜。近年来，由于不合理施肥等原因，叶菜类蔬菜硝酸盐含量超标严重。因此，加强对我国蔬菜，特别是叶菜类硝酸盐含量的监测具有极其重要的理论和实践意义。

蔬菜、水果中硝酸盐的测定 紫外分光光度法

一、原理

用 pH 值 9.6~9.7 的氨缓冲液提取样品中硝酸根离子，同时加活性炭去除色素类，加沉淀剂去除蛋白质及其他干扰物质，利用硝酸根离子和亚硝酸根离子在紫外区 219 nm 处具有等吸收波长的特性，测定提取液的吸光度，其测得结果为硝酸盐和亚硝酸盐吸光度的总和，鉴于新鲜蔬菜、水果中亚硝酸盐含量甚微，可忽略不计。测定结果为硝酸盐的吸光度，可从工作曲线上查得相应的质量浓度，计算样品中硝酸盐的含量。

二、试剂和材料

除非另有说明，本方法所用试剂均为分析纯。水为 GB/T 6682 规定的一级水。

1. 试剂

盐酸（HCl，$\rho = 1.19$ g/mL）。

氨水（$NH_3 \cdot H_2O$，25%）。

亚铁氰化钾 [$K_4Fe(CN)_6 \cdot 3H_2O$]。

硫酸锌（$ZnSO_4 \cdot 7H_2O$）。

正辛醇（$C_8H_{18}O$）。

活性炭（粉状）。

2. 试剂配制

氨缓冲溶液（pH 值 9.6~9.7）：量取 20 mL 盐酸，加入 500 mL 水中，混合后加入 50 mL 氨水，用水定容至 1 000 mL。调 pH 值至 9.6~9.7。

亚铁氰化钾溶液（150 g/L）：称取 150 g 亚铁氰化钾溶于水，定容至 1 000 mL。

硫酸锌溶液（300 g/L）：称取 300 g 硫酸锌溶于水，定容至 1 000 mL。

3. 标准品

硝酸钾：基准试剂，或采用具有标准物质证书的硝酸盐标准溶液。

4. 标准溶液配制

硝酸盐标准储备液（500mg/L，以硝酸根计）：称取 0.203 9 g 于 110～120℃ 干燥至恒重的硝酸钾，用水溶解并转移至 250 mL 容量瓶中，加水稀释至刻度，混匀。此溶液硝酸根质量浓度为 500 mg/L，于冰箱内保存。

硝酸盐标准曲线工作液：分别吸取 0 mL、0.2 mL、0.4 mL、0.6 mL、0.8 mL、1.0 mL 和 1.2 mL 硝酸盐标准储备液于 50 mL 容量瓶中，加水定容至刻度，混匀。此标准系列溶液硝酸根质量浓度分别为 0 mg/L、2.0 mg/L、4.0 mg/L、6.0 mg/L、8.0 mg/L、10.0 mg/L 和 12.0 mg/L。

三、仪器和设备

紫外分光光度计。

分析天平：感量 0.01 g 和 0.000 1 g。

组织捣碎机。

可调式往返振荡机。

pH 计：精度为 0.01。

四、分析步骤

1. 试样制备

选取一定数量有代表性的样品，先用自来水冲洗，再用水清洗干净，晾干表面水分，用四分法取样，切碎，充分混匀，于组织捣碎机中匀浆（部分少汁样品可按一定质量比例加入等量水），在匀浆中加 1 滴正辛醇消除泡沫。

2. 提取

称取 10 g（精确至 0.01 g）匀浆试样（如制备过程中加水，应按加水量折算）于 250 mL 锥形瓶中，加水 100 mL，加入 5 mL 氨缓冲溶液（pH 值 9.6~9.7），2 g 粉末状活性炭。振荡（往复速度为 200 次/min）30 min。定量转移至 250 mL 容量瓶中，加入 2 mL 150 g/L 亚铁氰化钾溶液和 2 mL 300 g/L 硫酸锌溶液，充分混匀，加水定容至刻度，摇匀，放置 5 min，上清液用定量滤纸过滤，滤液备用。同时做空白实验。

3. 测定

根据试样中硝酸盐含量的高低，吸取上述滤液 2~10 mL 于 50 mL 容量瓶中，加水定容至刻度，混匀。用 1 cm 石英比色皿，于 219 nm 处测定吸光度。

4. 标准曲线的制作

将标准曲线工作液用 1 cm 石英比色皿，于 219 nm 处测定吸光度。以标准溶液质量浓度为横坐标，吸光度为纵坐标绘制工作曲线。

五、结果计算

硝酸盐（以硝酸根计）的含量按下式计算：

$$X = \frac{\rho \times V_6 \times V_8}{m_6 \times V_7}$$

式中：

X——试样中硝酸盐的含量，单位为毫克每千克（mg/kg）；

ρ——由工作曲线获得的试样溶液中硝酸盐的质量浓度，单位为毫克每升（mg/L）；

V_6——提取液定容体积，单位为毫升（mL）；

V_8——待测液定容体积，单位为毫升（mL）；

m_6——试样的质量，单位为克（g）；

V_7——吸取的滤液体积，单位为毫升（mL）。

结果保留 2 位有效数字。

参考文献

成卓敏, 2008. 新编植物医生手册 [M]. 北京：化学工业出版社.

国家卫生部与国家标准化管理委员会, 2003. 蔬菜中有机磷和氨基甲酸酯类农药残留量的快速检测 GB/T 5009.199—2003 [S]. 北京：中国标准出版社.

李玉, 赫永利, 1993. 庄稼医生实用手册 [M]. 北京：农业出版社.

李玉振, 李占行, 邰凤雷, 等, 2017. 有机肥和生物菌剂在我国农业生产中的作用及地位 [M]. 北京：中国农业科学技术出版社.

马会国, 杨兆波, 2006. 无公害标准化生产技术 [M]. 北京：中国农业科学技术出版社.

石得中, 2008. 中国农药大辞典 [M]. 北京：化学工业出版社.

吴文君, 高希武, 2004. 生物农药及其应用 [M]. 北京：化学工业出版社.

中国绿色食品发展中心, 2019. 绿色食品申报指南 [M]. 北京：中国农业科学技术出版社.

中华人民共和国农业部, 2008. 蔬菜和水果中有机磷、有机氯、拟除虫菊酯和氨基甲酸酯类农药多残留的测定 NY/T 761—2008 [S]. 北京：中国农业出版社.